# 量子概论

## 神奇的量子世界之旅

吴今培◎著

清华大学出版社
北 京

**图书在版编目(CIP)数据**

量子概论：神奇的量子世界之旅/吴今培著. —北京：清华大学出版社，2019
(2021.11 重印)
ISBN 978-7-302-52836-4

Ⅰ. ①量… Ⅱ. ①吴… Ⅲ. ①量子论—普及读物 Ⅳ. ①O413-49

中国版本图书馆 CIP 数据核字(2019)第 081639 号

责任编辑：贺 岩
封面设计：李伯骥
责任校对：王荣静
责任印制：宋 林

出版发行：清华大学出版社
网 址：http://www.tup.com.cn，http://www.wqbook.com
地 址：北京清华大学学研大厦 A 座 邮 编：100084
社 总 机：010-62770175 邮 购：010-62786544
投稿与读者服务：010-62776969，c-service@tup.tsinghua.edu.cn
质量反馈：010-62772015，zhiliang@tup.tsinghua.edu.cn
印 装 者：涿州市京南印刷厂
经 销：全国新华书店
开 本：148mm×210mm 印 张：5.125 字 数：87 千字
版 次：2019 年 5 月第 1 版 印 次：2021 年 11 月第 3 次印刷
定 价：35.00 元

产品编号：083574-01

# 致读者

量子理论是研究微观世界规律的一门科学理论。那么，微观世界究竟有多么微小呢？它指的是一厘米的一千万分之一大小的世界。我们日常生活着的世界是一个看得见的、感受得到的、按部就班的宏观世界。倘若我们能缩小十个数量级，便打开了通向微观世界的大门，进入神奇的量子世界。那是一个错综复杂、乱花迷眼、迷雾重重的世界，它和宏观世界的规律完全不同，具有超出我们常识的极其奇妙的特性。

掐指算来，量子概念的诞生已经超过一个世纪，但其含义非常深奥，和人们的日常生活格格不入，甚至违背我们的生活常理，她就像一个神秘的少女，我们天天与她相见，却始终无法猜透她的内心世界。然而，量子理论却能解释量子世界一切不可思议的现象，正是在它的指引下，今日的科技才如此朝气蓬勃，并给人类社会带来了伟大的技术革命。从半导体到核能，从计算机到激光，从集成电路到生物技术，无不留下量子的足迹。可以说，量子理论把它的光辉播撒到人类社会的每一个角落，成为有史以来在实用中最成功的科学理论。

21 世纪信息科学将从“经典”时代跨越到“量子”时代，其发展将对国民经济、社会发展、国防安全等产生直接而重大的影响。量子技术已成为世界各国抢占的战略制高点，我国量子科学领军人物潘建伟院士认为，量子技术可能像 20 世纪“曼哈顿计划”造出原子弹那样改变世界格局。中国量子科学实验卫星“墨子号”于 2016 年 8 月发射升空，并圆满实现了各项科学实验目标，标志着我国量子科技水平雄居世界前列，这对攀登世界科技创新之巅具有重大意义。

由于量子理论内容艰涩，人们几乎都是只闻其名，不知其详。如果你觉得量子理论难以理解的话，这是很自然的，因为你生活在经典世界中，你所看到的都是宏观物体和它们的连续运动，从一开始你所受的物理教育也都是牛顿的经典理论。然而，这一切对于量子世界中的微观粒子及其运动都已不再适用。为了让读者顺利步入一个完全陌生的量子世界，《量子概论》这本科普小册子，试图将深奥的知识通俗化、条理化，深入浅出地描绘量子的诸多不可思议的表现及其最新应用，以便更多人轻松快速阅读，把握量子理论的要旨，从而激发公众对于量子科技的浓厚兴趣和广泛关注。当然，对于专业读者，还是希望大家满怀勇气与敬意去研读经典著作，领略其原汁原味的内涵与韵味。

本书以量子理论的发现、发展为主线,循序渐进地讲述了人类探索量子世界的全过程。内容涵盖了波粒二象性、量子化原子模型、物质波、波动力学、矩阵力学、测不准原理、量子叠加、量子纠缠、量子信息、量子计算和量子通信等。通过这样一次量子世界之旅,量子运动将真实地呈现在读者面前,它是非连续的、不确定的,完全不同于我们所熟悉的宏观连续运动。原来,我们眼中的世界并不是世界的全部。既然我们有幸来到这个世界,就应该尽量了解这个世界的全部,欣赏这个世界的奇妙。我们的目标正是让更多的人了解量子、理解量子、应用量子,用这个时代最流行的一个词来表述的话,就是让量子酷起来!

作者在撰写本书的过程中,参考、引用、融合了国外相关的文献著作及研究成果,在此对书中涉及的专家、学者表示衷心的感谢。同时,作者还要感谢本书的责任编辑,是她做出的贡献,才让本书得以顺利出版。

客观地说,受限于作者的能力与水平,书中的缺点和不妥之处肯定不少,真诚地期望读者批评指正。

吴今培<br>2019 年 3 月

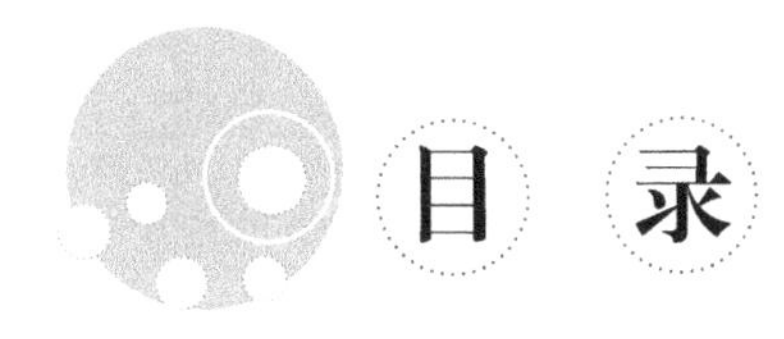

# 目 录

20世纪初，在物理学阳光灿烂的天空中飘浮着两朵乌云：一朵是**光以太**问题；另一朵是**黑体辐射**问题，它们成为经典物理学研究中遇到的难题。正是这两朵不起眼的乌云，给世界带来一场前所未有的狂风暴雨，驱散这两朵乌云，将会导致物理学的伟大新生。

第一朵乌云，最终导致了相对论革命的爆发。

第二朵乌云，最终导致了量子论革命的爆发。这是本书论述的主题，让我们从这里出发吧！

# 1

# 量 子 诞 生

大家知道，一个物体之所以看上去是白色的，那是因为它反射了所有频率的光波；反之，如果看上去是黑色的，那是因为它吸收了所有频率的光波。物理上为了研究热辐射问题，提出了一种理想的模型，这样的模型叫作“黑体”，指的是那些可以吸收全部外来辐射的物体。绝对的黑体在自然界虽然不存在，但对“黑体”的研究是解决一切物体辐射的关键。

19 世纪末，人们开始对黑体模型的热辐射问题开展研究。其实，很早的时候，人们就已经注意到对于不同的物体，温度和辐射频率似乎有一定的对应关联。比如说金属，有过生活经验的人都知道，要是我们把一块铁放在火上加热，那么到了一定温度的时候，它会变得暗红起来，温度再高些，它会变得橙黄，到了极高温度的时候，如果能想办法不让它汽化，我们可以看到铁块将呈现蓝白色。也就是说，加热物体的温度（或能量）与其释放的光的颜色之间有一定关系，而颜色又同光的频率(或波长)有关。

问题是,物体的辐射能量和频率究竟有着怎样的函数关系呢?

经过科学家的研究,在黑体问题上,我们得到了两套公式。可惜,一套只对长波有效,而另一套只对短波有效。这让人们非常郁闷,就像有两套衣服,其中一套上衣十分得体,但裤腿太长;另一套的裤子倒是合适,但上衣却小得无法穿上身。最要命的是,这两套衣服根本没办法合在一起穿,因为两个公式推导的出发点是截然不同的!从经典的麦克斯韦电磁波理论去推导,就得到适用于长波的瑞利-金斯公式;而从玻尔兹曼运动粒子的角度出发去推导,就得到适用于短波的维恩公式。总之,用他们的公式来解释黑体辐射,无论如何也不能使辐射能量和辐射光谱统一起来。

正当人们在黑体辐射的研究中遇到困境,并不知道这个问题最后将会得到一个怎样的解答的时候,一个德国人——马克斯·普朗克登上了舞台,物理学全新的一幕终于拉开了。命中注定,这个名字将要光照整个20世纪物理学史。

图1 普朗克

普朗克于1858年4月23日生于德国基尔的一个书香门第。他少年时代极喜欢音乐，以至于中学毕业后选择专业时，在音乐和自然科学间犹豫再三，即使到了大学他还在留恋音乐，并且亲自领导了一支乐队，又是学院合唱团的指挥。在他通向未来的大路上又遇到一次干扰，老师坚决反对他攻读理论物理。1924年普朗克在讲演中回忆说，当我开始研究时，我可敬的老师约里对我描绘物理是一门高度发展的、几乎是尽善尽美的科学。现在，能量守恒定律的发现给物理学戴上桂冠之后，这门科学作为一个完整的体系，已经建立起足够牢固，并接近于最终稳定的形式。

幸亏中学和大学的这两次干扰都没有动摇普朗克最终的决心。他 21 岁时通过了博士学位论文，获得慕尼黑大学的博士学位。他关于热力学方面的研究孕育了其后来的新思想。1886 年，普朗克读到了维恩关于黑体辐射的论文，并对此表现出了极大的兴趣，决定彻底解决黑体辐射这个困扰人们多时的问题。最初，普朗克利用数学上的内插法，通过在黑体辐射的维恩公式与瑞利-金斯公式之间寻求统一，得到了黑体辐射公式。普朗克得到的黑体辐射公式能够解释黑体辐射的实验结果。但是，他不知道这个公式背后的物理意义，并没有认识到它将引起物理学根基的巨大变化。

为了解释他的新公式，后来普朗克回忆道：“即使这个新的辐射公式证明是绝对精确的，如果仅仅是一个侥幸揣测出来的内插公式，它的价值也只能是有限的。因此，……我就致力于找出这个公式的真正物理意义。这个问题促使我直接去考虑熵和概率之间的关系，也就是说，把我引到了玻尔兹曼的思想。"原来普朗克发现，仅仅引入内插法是不够的，如果要使他的新公式成立，他必须接受他一直不喜欢的统计力学，从玻尔兹曼的角度来看问题，把熵和概率引入系统中来。而在处理熵和概率的关系时，就必须做一个假定，假设能量在发射和吸收的时候，不是连续不断，而是分成一份一份的。

1900 年 10 月 19 日，柏林物理学会举行讨论会。会上，普朗克提出了一个自己推出的公式。这个公式无论对长波、短波、高温、低温都惊人地适用，维恩公式和瑞利-金斯公式被和谐地统一到一起。于是满座大惊，虽然还没有一个人能完全弄清楚这个新公式，但是在事实面前却无人提出反对意见。两个月之后，1900 年 12 月 14 日，人们正在忙着准备欢度圣诞节。这一天，普朗克在德国物理学会上发表了他的大胆假设。他宣读了那篇只有 3 页的名留青史的论文《黑体光谱中的能量分布》，其中改变历史的是这段话：

> 为了找出 $n$ 个振子具有总能量 $U_n$ 的可能性，我们必须假设 $U_n$ 是不可连续分割的，它只能是一些相同部件的有限总和……

请读者记住，1900 年 12 月 14 日这个日子，就是量子的诞辰。那一年普朗克 42 岁。今日，他终于痛快淋漓地说：“一言以蔽之，我做的这件事，可以简单地看作是孤注一掷。我生性平和，不愿进行任何吉凶未卜的冒险。但是我经过 6 年的艰苦摸索，终于明白，经典物理对这个黑体辐射问题是丝毫没有办法的。旧的理论既然无能为力，那么就一定要寻找一个新的解释，不管代价多高也一定要把它找到。除了热力学的两条定律必须维持之外，至于别的，我准备牺牲我以前对物理所抱的任何一个信念。问题往往是这样，到实在不能解决时，抛弃旧框子，引入新概念，就立即迎刃而解了。”

普朗克引入了一个什么新概念呢？就是辐射的能量不是连续的，而是一份一份的，像机关枪里不断射出的子弹。这一份一份的能量普朗克把它称作“能量子”。但随后，在另一篇论文里，他就改称为“量子”，英语就是 quantum。量子就是能量最小单位，就是能量里的一美分，一切能量的传输，都只能以这个量为基本单位来进行。它可以传输一个量子，两个量子，任意整数个量子，但却不能传输 1/2 量子、1/4 量子。那样的状态是不允许的，就像你不能用现钱支付 1/2 美分一样。在两个基本单位之间，是能量的禁区，我们永远也不会发现能量的计量会出现小数点以后的数字。

那么，这个最小单位究竟是多少呢？从普朗克的辐射方程可以容易地推算出答案：它等于一个常数乘以特定辐射的频率。用一个简明的公式来表示：

$$E = h\nu$$

其中 $E$ 是单位量子的能量，$\nu$ 是频率，$h$ 是一个神秘的量子常数，以它的发现者去命名为“普朗克常数”。它等于 $6.626\times10^{-27}$ 尔格·秒，也就是 $6.626\times10^{-34}$ 焦耳·秒。$h$ 这个值，后来竟是构成我们整个宇宙最为重要的三个基本物理常数之一，另外两个是引力常数 $G$ 和光速 $c$。$G$ 出现在牛顿万有引力公式 $F=G\frac{m_1m_2}{r^2}$ 中，$c$ 出现在爱因斯坦质能等价公式 $E=mc^2$ 中。正是这三个常数把宏观宇宙、微观世界与光速时空联系起来。

利用这个简明公式，我们可以做一些基本计算。比如对于频率为 $10^{15}$ 赫兹的辐射，对应的量子能量是多少呢？那么就简单地把 $10^{15}$ 乘以 $h=6.6\times10^{-34}$，算出结果等于 $6.6\times10^{-19}$ 焦耳，也就是说，对于频率为 $10^{15}$ 赫兹的辐射，最小的“量子”是 $6.6\times10^{-19}$ 焦耳，能量必须以此为基本单位来发送。当然，这个值非常小，也就是说量子非常精细，难以察觉。因此由它们组成的能量自然也十分细密，以至于我们通常看起来，能量的传输就好像是平滑连续的一样。

普朗克提出能量必须是有限个可能态,它不能是无限连续的,这有什么了不起的意义呢?

对此爱因斯坦这样评价道:“普朗克提出了一全新的、从未有人想到的概念,即能量量子化的概念。”“该发现奠定了20 世纪所有物理学的基础,几乎完全决定了其以后的发展。”

在这以前,人们总是认为,一切物理过程都是连续的。德国数学家、哲学家莱布尼茨曾明确指出,“自然无飞跃”。牛顿也认为,自然界中的所有变化必然以连续的方式发生。这种连续性的假设,是微积分的基础。牛顿庞大的体系,便建筑在这个地基之上,度过了百年的风雨。同样,18 世纪和 19 世纪的科学家和哲学家也都认为,物理过程必定是连续的。而普朗克第一次将不连续性引进物理领域,把物理学构筑起来的连续性原理体系毫不留情地彻底打破,引发出一场最为反叛和彻底的革命,也是最具传奇和史诗色彩的革命。

基本量子的发现,开创了物理学的新时代,它表明:原来物理过程可以是不连续的,认为一切自然现象无限连续的观念是一种误解,应该放弃。正如德国物理学家劳厄所说:“普朗克的关于能量的 $h\nu$ 外延,不仅是对已有的物理学的改造,而且是一次革命。在以后的几十年内不仅越来越明显地显示出这一革命是多么深刻,而且也越来越显示出它是多么必要。借助于量子的观念,人们就能够进一步理解到在这以前,对于物理上还是封闭的各种原子过程。”

一眼看来，普朗克公式 $E=h\nu$ 实在太过于朴实，但就像大智者往往若愚，简洁无华的它其实也是深藏不露的。毫不夸张地说，量子化才是世界的本质！一个简单普适的公式总结了普朗克辉煌的人生，也彻底打破了我们以往对世界的认识。

1920年，普朗克因发现量子这一成就而获得诺贝尔物理学奖。他在一次演讲中谦虚地说：“如果一个矿工发现了一座金矿。那是因为地下本来就有金子。我不去发现量子原理，也总有人会去发现它的。”物理学发展到一定阶段总要推出自己的代表人物。

# 2 光量子假说

普朗克创立的量子理论表明：一切都是不连续的，连续性的美好蓝图，也许不过是我们的一种想象。但是，如果我们接受量子理论就势必对现有物理学的种种基本观点来一番大的改造。正因为普朗克这个新理论实在是太革命了，虽然德国物理学会请他做了报告，可是没有一个人相信这个新观念。甚至连普朗克本人也觉得最好能把新旧理论统一起来。在后来一段时间，普朗克在寻找更好的办法把新观念纳入旧理论，就像牛顿后来用科学来证明上帝一样，一个新理论在诞生之初经常会表现得惴惴不安，未敢立即脱离它的母体。

图 2　爱因斯坦在专利局

正当普朗克孤立无援，而且自己也有 4 年时间裹足不前的时候，1905 年，在瑞士的伯尔尼专利局，有一个留着一头乱蓬蓬头发的、尚未出名的年轻人——阿尔伯特·爱因斯坦，他除了本职工作之外，对物理问题最感兴趣，陷入沉思后，往往废寝忘食。这时，他提出一个光量子的假说，用来解释经典物理无法解释的光电效应。

什么是光电效应呢？

原来是这样的：当光照射到金属上的时候，会从它的表面打出电子来，原来束缚在金属表面原子里的电子，不知什么原因，当暴露在一定光线之下的时候，便如同惊弓之鸟纷纷往外逃窜。对于光与电之间存在的这种饶有趣味的现象，人们给它取了名字，叫作“光电效应”(the Photoelectric Effect)。

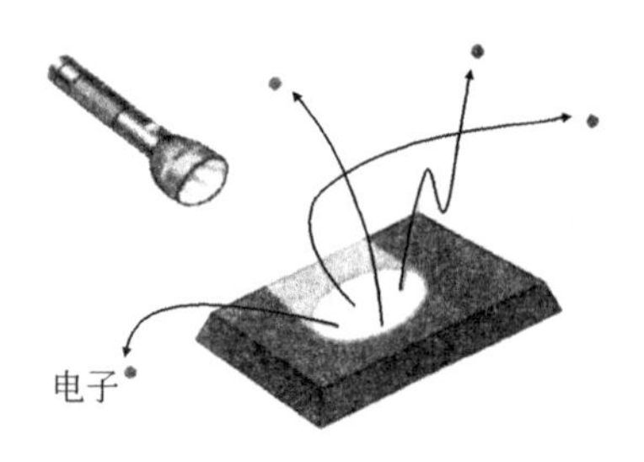


图3　光电效应

很快，关于光电效应的一系列实验就在各个实验室被做出。由此人们得到了两个基本的事实：首先，对于某种特定的金属来说，光是否能够从它的表面打击出来电子，只和光的频率有关。频率高的光线(比如紫外线)能够打出能量较高的电子;而频率低的光线(比如红光、黄光)则一个电子也打不出来。其次,能否打击出电子,这和光的强度无关。再弱的紫外线也能够打击出金属表面的电子;而再强的红光也无法做到这一点。增加光线的强度,能够做到的只是增加打出电子的数量。比如强烈的紫光相对微弱的紫光来说,可以从金属表面打出更多的电子来。

总而言之,对于特定的金属,能不能打出电子,由光的频率说了算。而打出多少电子,则由光的强度说了算。

但是,科学家们很快就发现,他们陷入了一个巨大的困惑中。根据麦克斯韦理论,光是电磁波的一种,其波动性的王位,早已被高雅而尊贵的麦克斯韦钦点了。对于波动来说,波的强度便代表了它的能量。我们很容易理解,电子是被某种能量束缚在金属内部的,如果外部给予的能量不够,便不足以将电子打击出来。但是,照道理说,如果我们增加光波的强度,那便是增加它的能量啊,为什么对于红光来说,再强烈的光线都无法打击出哪怕是一个电子来呢?而频率,它无非是波振动的频繁程度而已。如果频率高的话,便是说波振动得频繁一些,那么照理说频繁振动的光波应该打击出更多数量的电子才对啊。然而所有的实验都指向相反的方向:光的频率,而不是强度,决定能否从金属表面打出电子;光的强度,而不是频率,决定打出的电子的数目。

问题不仅仅如此。种种迹象都表明，光的频率和打出电子的能量之间有着密切的关系。每一种特定频率的光线，它打出来的电子的能量有一个对应的上限。打个比方说，如果紫外线光可激发出能量达到 20 电子伏的电子来，换了其他光可能就最多只有 10 电子伏。这在波动看来，是非常不可思议的。而且，根据麦克斯韦理论，一个电子的被击出，如果是建立在能量吸收上的话，它应该是一个连续的过程，能量可以累积。也就是说，如果用很弱的光线照射金属的话，电子必须花一定时间来吸收能量，才能跳出金属表面。这样的话，在光照和电子飞出这两者之间就应该存在一个时间差。但是，实验表明，电子的跃出是瞬间的。光一照到金属上，立即就会有电子飞出。哪怕再弱的光线也一样，区别只是飞出电子数量的多少而已。总之，不管科学家们怎样苦思冥想，也不能把光电效应融入麦克斯韦理论中去。

可是，无巧不成书。科学史上最天才和最大胆的传奇人物，恰恰生活在那个时代。为了解释光电效应，1905 年 3 月 17 日，爱因斯坦将自己认为正确无误的论文《关于光的产生和转化的一个启发性观点》送到了德国《物理学年报》编辑部。他腼腆

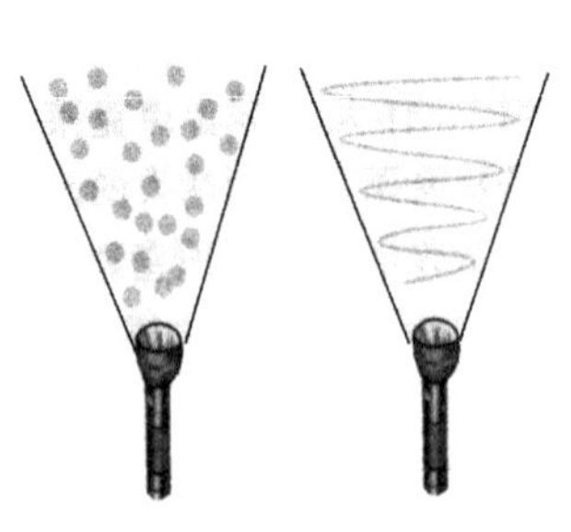
图 4　光的微粒说和波动说

地对编辑说："如果您能在你们的年报中找到篇幅为我刊出这篇论文，我将感到很愉快。"这篇论文把普朗克 1900 年提出的量子概念推广到光在空间中的传播情况，提出光量子假设。论文认为：对于时间平均值，光表现为波动性；而对于瞬时值，光则表现为粒子性。这是历史上第一次揭示了微观客体的波动性和粒子性的统一，即光的波粒二象性。这个故事告诉我们，小庙里面有时也会出大和尚。

让我们再次重温一下光电效应和电磁理论不协调之处：电磁理论认为，光作为一种波动，它的强度代表了它的能量，增强光的强度应该能够打击出更高能量的电子。但实验表明，增加光的强度只能打击更多数量的电子，而不能增加电子的能量。要打击出更高能量的电子，则必须提高照射光线的频率。

提高频率！爱因斯坦灵光一闪，$E=h\nu$，提高频率，不正是提高单个量子的能量吗？而更高能量的量子，不正好能够打击出更高能量的电子吗？另外，提高光的强度，只是增加量子的数量罢了，所以相应的结果自然是打击出更多数量的电子！

爱因斯坦写道："……根据这种假设，从一点所发出的光线在不断扩大的空间中传播时，它的能量不是连续分布的，而是由一些数目有限的、局限于空间中某个地点的'能量子'(energy quanta)所组成的。这些能量子是不可分割的，它们只能整份地被吸收或发射。”

组成光的能量子的这种最小基本单位，爱因斯坦后来把它们叫作“光量子”(light quanta)。一直到1926年，美国物理学家刘易斯才把它换成了今天常用的名词，叫作“光子”(photon)。

从光量子的角度出发，一切变得非常易懂了。频率更高的光线，比如紫外光，它的单个量子要比频率低的光线会有更高的能量($E=h\nu$)。因此，当它的量子作用到金属表面的时候，就能够激发出拥有更高动能的电子来。而量子的能量和光线的强度没有关系，强光只不过包含了更多数量的光量子而已，所以能够激发出更多数量的电子来，但是对于低频来说，它的每一个量子都不足以激发出电子，那么，含有再多的光量子也无济于事。

总之，爱因斯坦的光量子假说包含一个革命性的论断：光的能量是量子化的，只能是一份一份地发射或吸收。每一份的能量是$h\nu$，不能有“半份”或“四分之一份”能量，这一点与麦克斯韦的电磁波理论是相悖的。在电磁波理论里，光波的能量是在空间上或时间上铺展开来的，都是可以无限细分的。

根据爱因斯坦的光量假设，当光子射向金属时，金属中的自由电子吸收了一个光子的能量$h\nu$，电子把这部分能量用作两种用途：一部分用来克服金属对它的束缚，即消耗在逸出

功 $A$ 上，另一部分转换为电子离开金属表面的初始动能 $\frac{1}{2}mv^2$。根据能量守恒定律，应有

$$hv = \frac{1}{2}mv^2 + A$$

这个方程称为光电效应方程。用这个方程圆满解释了光电效应。然而，对于爱因斯坦的解释，人们当时是表示怀疑的，因为普遍认为电磁辐射的能量是连续的，而爱因斯坦的解释在某种意义上是说，光不是连续的粒子，一束光是一粒一粒以光速运动的粒子流，这些粒子叫作光量子。实验物理学家用了许多时间，详细地检验了爱因斯坦的光电效应理论，到了1916 年，它被完全证实了。这个理论的非凡成功，最终迫使科学家们在 20 世纪初重新考虑光的本质。今天，光的这一独特的存在形式，已经毫不含糊地被人们接受了。光在具有粒子性质的同时，也具有波动的性质。粒子是独立的、位置固定的和在空间与时间上是可测量的；波是连续的，它能传播到所有的空间和时间，其瞬间的影响遍及各处。这是人类第一次遇到的量子世界的新奇特征之一：粒和波的双重性。

1922 年，爱因斯坦因发现“光电效应定律”而获得了诺贝尔物理学奖——事实上，他在相对论方面的贡献远大于此，只不过当时的诺贝尔奖评委认为相对论没有得到验证，而且真正懂得的人寥寥无几。

写到这里，顺便告诉读者：1905 年是物理学发展史上的奇迹年。在这一年，蜗居在瑞士专利局的爱因斯坦写出了 6 篇论文。3 月 17 日，是我们前面提到过的关于光电效应的文章，这成了量子论的奠基石之一。4 月 30 日，关于测量分子大小的论文，这为他赢得了博士学位。5 月 11 日和后来的 12 月 19 日，两篇关于布朗运动的论文，成了分子论的里程碑。6 月 30 日，题为《论运动物体的电动力学》的论文，这个不起眼的题目后来被加上了一个如雷贯耳的名称，叫作“狭义相对论”。9 月 27 日，关于物体惯性和能量的关系，这是狭义相对论的进一步说明，并且在其中提出了著名的质能方程 $E=mc^2$。爱因斯坦单枪匹马在如此短时间内做出如此巨大贡献，这在今日看来是无法想象的。为了纪念 1905 年的光辉，人们把一百年后的 2005 年定为“国际物理年”。

其实，如果站在一个比较高的角度来看历史，一切事物都是遵循特定的轨迹的，没有无缘无故的事情，也没有不合常理的事情。在时代浪尖里弄潮的英雄人物，其实都只是适合了那个时代的基本要求，这才得到了属于他们的无上荣耀。

# 3 玻尔的原子模型

1897 年，英国物理学家汤姆逊在研究阴极射线的时候，发现了原子中电子的存在，这打破了从古希腊人那里流传下来的“原子不可分割”的理念，明确地向人们表示：原子是可以继续分割的，它有自己的内部结构。由此，许多科学家都开始研究原子的结构，思考电子在原子中到底如何运动，一时出现了各种不同的模型。

1911 年，新西兰物理学家卢瑟福发现原子模型很像一个行星系统（比如太阳系），在这里，原子核就像太阳，而电子则是围绕太阳运行的行星。但是，这样的模型是不稳定的。因为带负电的电子绕着带正电的原子核运转，根据麦克斯韦电磁理论，两者之间会放射出强烈的电磁辐射，从而导致电子一点点地失去自己的能量，它便不得不逐渐缩小运行半径，直到最终“坠毁”在原子核上，整个过程只有一眨眼的工夫。换句话说，卢瑟福的原子是不可能稳定在超过 1 秒钟的。面对这样的困难，卢瑟福勇敢地在伦敦出版的《哲学杂志》上，向所有物理学家宣布他的原子模型，并在文章中毫不讳言地说：“关于所提的原子稳定性问题，现阶段尚未考虑进行研究……但是我们的科学事业除了今天还有明天！”然而，当时他的模型根本没有引起学术界的重视，大家对这个模型十分冷淡，这使卢瑟福的满腔期望被一扫而空。

谁是卢瑟福濒临失败的原子模型的救星呢？1911 年 9 月来自丹麦的一位 26 岁小伙子尼尔斯·玻尔，并没有因为卢瑟福模型的困难而放弃这一理论，反而对卢瑟福模型很感兴趣。后来，史学家问过玻尔：“当时是不是只有你一个人感兴趣呢？”玻尔回答说：“是的，不过你知道，我主要不是感兴趣，我只是相信它。”

图 5　玻尔

那么，玻尔如何解决卢瑟福原子模型存在的问题呢？他的创新思想体现在何处呢？他首先想到的是把当时由普朗克所提出的，后又由爱因斯坦所发展的量子观点用到他的模型中来。他认为在原子这样微观的层次上经典物理理论将不再成立，新的革命性思想必须被引入，这个思想就是量子理论。然而，要否定经典理论，关键是新理论要能完美地解释原子的一切行为，应当说这是一个相当困难的任务。首先遇到的问题是在他量子化的原子模型里如何解释原子的光谱问题。当时，原子光谱对玻尔来说是陌生和复杂的，成千条谱线和各种奇怪的效应，在他看来太杂乱无章，似乎不能从中得出什么有用的信息。正当玻尔挠头不已的时候，他的大学同学汉森告诉他，瑞士的一位中学教师巴尔末提出了一个关于氢原子的光谱公式，这里面其实是有规律的。

什么是巴尔末公式呢？下面用原子谱线波长 $\lambda$ 的倒数来表示，则显得更加简单明了：

$$\frac{1}{\lambda}=R\left(\frac{1}{2^2}-\frac{1}{n^2}\right)\qquad(n=3,4,5,\cdots)$$

其中 $R$ 是一个常数，称为里德伯(Rydberg)常数；$n$ 是大于 2 的正整数。

巴尔末公式如此简单，却蕴藏着原子结构的精髓与原子光谱的规律，但在近 30 年中一直无人揭晓。1954 年玻尔回忆道："当我一看见巴尔末公式，一切都在我眼前豁然开朗了。"真是山重水复疑无路，柳暗花明又一村。在谁也没有想到的地方，量子得到决定性的突破。

我们再来看一下巴尔末公式，这里面用到了一个变量 $n$，那是大于 2 的任何正整数。$n$ 可以等于 3，可以等于 4，但不能等于 3.5,这无疑是一种量子化的表述。原子只能放射出波长符合某种量子规律的辐射,这说明了什么呢?我们回顾一下普朗克提出的那个经典量子公式:$E=h\nu$。频率 $\nu$ 是能量 $E$ 的量度,原子只释放特定频率(或波长)的辐射,说明在原子内部,它只能以特定的量吸收或发射能量。于是,在玻尔的头脑中浮现出来:原子内部只能释放特定量的能量,表明电子只能在特定的"势能位置"之间转换。也就是说,电子只能按照某些确定的轨道运行,这些轨道必须符合一定的势能条件,从而使得电子在这些轨道间跃迁时,只能释放符合巴尔末公式的能量来。关键是我们现在知道,电子只能释放或吸收特定的能量,而不是连续不断的。不能像经典理论所假设的那样,是连续而任意的。也就是说,电子在围绕原子核运转时,只能处于一些特定的能量状态中,这些不连续的能量状态称为定态。你可以有 $E_1$,可以有 $E_2$,但不能取 $E_1$ 和 $E_2$ 之间的任意数值。电子只能处于这些定态中,两个定态之间没有缓冲地带,那里是电子的禁区,电子无法出现在那里。玻尔认为:当电子处在某个定态的时候,它就是稳定的,不会放射出任何形式的辐射而失去能量。这样就不会出现崩溃问题了。

玻尔现在清楚了,氢原子的光谱线代表了电子从一个特定的轨道跳跃到另外一个轨道所释放的能量。因为观测到的光谱线是量子化的,所以电子轨道必定也是量子化的,它不能连续而取任意值。连续性被破坏,量子化条件必须成为原子理论的主宰。

玻尔创造性地将量子概念用到了卢瑟福的原子模型中,给出了量子化的原子模型,受到爱因斯坦、卢瑟福等人的赞许和肯定,爱因斯坦年迈时还这样评价:“即使在今天,在我看来,也是一个奇迹!这简直是思维上最和谐的乐章。”物质世界的和谐统一是历代科学家共同奋斗的壮丽目标。17 世纪末,牛顿发现万有引力,把天上、地上的物体间的吸引力统一起来。19 世纪,法拉第把电和磁统一起来,麦克斯韦进一步把光和电磁现象统一起来。20 世纪初,爱因斯坦把光的粒子性和波动性和谐地统一起来,提出了光的波粒二象性,玻尔提出的关于原子结构的量子化模型又是物理世界和谐统一的典型例子。

玻尔所有的思想,转化成理论推导和数学表述,并以三篇论文的形式于 1913 年 3 月至 9 月陆续发表在《哲学杂志》上。这三篇论文分别题为《论原子和分子的结构》《单原子核体系》和《多原子核体系》,这就是在量子物理历史上划时代的文献,亦即伟大的“三部曲”。鉴于玻尔对量子物理的发展作出了重大贡献,1922 年他荣获了诺贝尔物理学奖。

4

# 矩阵力学

## ——量子力学的第一种形式

我们知道，20世纪初，普朗克、爱因斯坦和玻尔等创立了量子理论，但到1925年，还没有一种量子理论能以统一的结构来概括这一领域已经积累的知识，当时的量子力学可以说是本质上相互独立的、有时甚至相互矛盾的部分的混合体。为此，提出一个适合微观世界的量子表达形式的统一理论体系，便成为当时科学界的当务之急。

1925年，德国物理学家海森堡提出了一种矩阵的数学形式来表达量子世界，这就成为量子力学的第一个版本——矩阵力学。

图6　海森堡

矩阵力学的思想出发点，是针对丹麦物理学家玻尔提出的原子结构模型中许多物理量（如电子轨道、位置等)都是一些不可以直接观测的量。反之,海森堡要用可以观测量(如原子的谱线频率、强度等)来描述原子系统。他认为一切都不能臆想,要从事实——唯一能被观测和检验到的事实——推论出来。1925 年 7 月的一天,海森堡关于原子谱线问题的计算有了结果。他说:“差不多是夜里三点钟,计算结果最终出来了。我深深地被震惊了。我很兴奋,一点也不想睡。于是,我离开房间,坐在一块岩石上等日出。”在计算中,他采用了一种二维表格来表示物理量,表中每个数据用横坐标和竖坐标的两个交量来表示。比如下面这个 3×3 的方块表格:

$$\begin{bmatrix} 1 & 2 & 3 \\ 4 & 5 & 6 \\ 7 & 8 & 9 \end{bmatrix}$$

其实就是 3×3 矩阵。海森堡的表格和玻尔的原子模型不同,它没有作任何假设和推论,不包含任何不可观察的数据。但作为代价,它采纳了一种二维的庞大结构。然而,让人不能理解的是,这种表格难道也能像普通的物理变量一样进行运算吗?你怎么把两个表格加起来,或乘起来呢?海森堡准是发疯了。

海森堡坚信所有的物理变量都要按照这种表格的方式来改写。正如我们不能用 $\nu_x$,而必须用 $\nu_{x,y}$ 来表示电子频率一样。$\nu_{x,y}$是什么东西？它竟然有两个坐标，这就是一张二维表格。是的，物理世界就是由这些表格构筑的。海森堡坚定地沿着这条奇特的表格式道路去探索物理学的未来。

一般而言，设想有一个物理过程，自 $n$ 状态开始，到 $m$ 状态结束，如果假设它分两步进行，中间要经过某个 $k$ 状态。现在引入物理量 $C(n,m)$描述自 $n$ 状态到 $m$ 状态的过程，$a(n,k)$描述自 $n$ 状态到 $k$ 状态的过程，$b(k,m)$描述自 $k$ 状态到 $m$ 状态的过程，那么就应该有

$$C(n,m) = \sum_k a(n,k)b(k,m)$$

也就是对所有的中间过程 $k$ 求和。这个公式暗藏玄机，后来我们知道这就是矩阵乘法，这是矩阵力学的核心算法。

现在我们不妨提出这样一个问题：把两个表格乘起来，这代表了什么意义呢？

熟悉线性代数的读者都知道，对于下列方程组：

$$\begin{cases} a_{11}x+a_{12}y+a_{13}z=c_1 \\ a_{21}x+a_{22}y+a_{23}z=c_2 \\ a_{31}x+a_{32}y+a_{33}z=c_3 \end{cases}$$

可以写成更紧凑的形式：

$$\begin{bmatrix} a_{11} & a_{12} & a_{13} \\ a_{21} & a_{22} & a_{23} \\ a_{31} & a_{32} & a_{33} \end{bmatrix} \begin{bmatrix} x \\ y \\ z \end{bmatrix} = \begin{bmatrix} c_1 \\ c_2 \\ c_3 \end{bmatrix}$$

这里括号中排成阵列的数就构成了矩阵，它用行数和列数来标识。

我们可以把矩阵当成一个数，当然它是有其独特加法和乘法的数。两个矩阵 $\boldsymbol{A},\boldsymbol{B}$ 如能相加，$\boldsymbol{C}=\boldsymbol{A}+\boldsymbol{B}$，则一定具有同样的行数和列数，且 $\boldsymbol{C}_{nm}=\boldsymbol{A}_{nm}+\boldsymbol{B}_{nm}$；若两个矩阵 $\boldsymbol{A},\boldsymbol{B}$ 能相乘，$\boldsymbol{C}=\boldsymbol{A}\times\boldsymbol{B}$，则前一个矩阵的列数一定与后一个矩阵的行数相等，且 $\boldsymbol{C}_{nm}=\sum_k \boldsymbol{A}_{nk}\times\boldsymbol{B}_{km}$。对于普通的实数和复数，乘法满足交换律 $ab=ba$，但是对于矩阵，乘法不一定满足交换律，即 $\boldsymbol{A}\times\boldsymbol{B}\neq\boldsymbol{B}\times\boldsymbol{A}$。假设 $A$ 是一个 $2\times2$ 的表格，$B$ 也是一个 $2\times2$ 的表格：

$$A:\begin{bmatrix}a_{11} & a_{12}\\ a_{21} & a_{22}\end{bmatrix}\qquad B:\begin{bmatrix}b_{11} & b_{12}\\ b_{21} & b_{22}\end{bmatrix}$$

把两个表格乘起来也应该是一个 $2\times2$ 的表格：

$$C:\begin{bmatrix}c_{11} & c_{12}\\ c_{21} & c_{22}\end{bmatrix}$$

其中
$$c(n,m)=\sum_k a(n,k)b(k,m)$$
这分明是矩阵的乘法，请记住，矩阵是量子力学经常用到的、独特的“数”形式，具有独特的算法。因此可以表述相应的物理现象。或者反过来说，特定的物理现象，要求具有特定算法的“数”来表述它。

人们把基于粒子坐标和动量等物理量表示成矩阵的量子力学称之为矩阵力学。矩阵力学解释了原子领域的一系列问题，其中包括氢原子的谱线问题、光谱在电磁场中的分裂、光的散射等。但由于矩阵算法当时还不为物理学家所熟悉，大家早已习惯了普通的以字母和符号代表的物理公式，认为矩阵力学建立的基础是瞎猜也不为过，所以矩阵力学并没有被物理学家所接受。但是，有人看出了其中的非凡之处，英国物理学家狄拉克就指出，海森堡的矩阵力学表明，量子力学用到的物理量，可能是非对易关系的，即不满足乘法交换律。可以想见矩阵力学带给当时物理学的冲击，怎么粒子的坐标、动量这些我们习惯了的量突然变成了不可对易的怪物了呢？人们一时还转不过弯儿来。后来我们将看到，物理操作的非对易性是量子力学的核心。量子力学的对易关系表明所要观察的两个力学量之间是否满足不确定关系，也就是测量一个的时候会干扰到另一个。比如观测 $A$，对于非对易关系的力学量 $B$，在测量 $A$ 的同时也变化了；反之亦然。对于满足对易关系的力学量，无论如何测量都不会影响其他的对易关系的力学量。

总之，量子力学是一个最不可思议、最有颠覆性的物理理论。比如说在牛顿力学中，我们用六个实数描写一个粒子的状态。这六个数，三个数是粒子在三维空间的位置，三个数是粒子的动量。但是在微观世界中,对粒子状态如此描述就是错误的。量子力学告诉我们,描写粒子的位置和动量的这些物理量,根本不是数,而是矩阵。在这里,动量和位置这两个物理量不遵守乘法交换律,也就是说:电子动量×电子位置≠电子位置×电子动量,这是什么原因?很明显这个公式代表先测电子动量,再测电子位置,与先测电子位置再测电子动量,其结果是不一样的,而这又说明什么呢?这是因为观测电子动量的行为影响到电子位置的数值,反过来也一样。这叫作非对易性。这简直是莫名其妙。但这莫名其妙的理论却能正确地反映微观实验观测到的结果。许多传统的物理量,现在都要看成是一些独立的矩阵来处理。从数到矩阵,这真是神来之笔。

# 5

# 波动力学

## ——量子力学的第二种形式

爱因斯坦提出了光的波粒二象性概念，即光既有波动性，又有粒子性，这才是光的本性。但是，在1923年，法国一个学文科的、半路出家投身物理的年轻人——德布罗意提出了一个更加大胆的思想：光波是粒子，那么粒子是不是波呢？就是说光的波粒二象性是不是可以推广到一切实物粒子（如原子、电子等）呢？就像当年法拉第由电变磁推想磁变电一样，德布罗意思路一开，立即拓出一片新的天地。1923年他接连发表三篇论文，提出"物质波"的新概念。他坚信大至一个行星、一块石头，小至一个电子，都能产生物质波。物质波有其独特之处，

图7　德布罗意

它能在真空中传播，不要介质，因此不是机械波。但它又可以由不带电的物体运动产生，因此它又不是电磁波。

第二年，1924年，德布罗意将自己的这个新思想，写了一篇博士学位论文《关于量子理论的研究》。可以说这是当时物理学界独一无二的新观点。什么？电子居然是一个波?！这未免让人感到太不可思议了。许多人看了他的论文都摇头：他到底是一个天才，还是一个疯子？其实，伟大的智慧与疯狂几乎联系在一起，它们之间的界限微乎其微。但是德布罗意的导师朗之万对这件事总是不放心，便将论文寄给爱因斯坦审阅。

爱因斯坦真不愧为一个理论物理大师，他刚读完论文就拍案叫绝，并立即向物理学界的几个著名学者写信，吁请对这个新思想给予关注：

请读一读这篇论文吧，这可能是一个疯子写的，但只有疯子才有这种胆量。它的内容很充实。看来粒子的每一个运动都伴随着一个波场，这个波场的物理性质虽然我们现在还不清楚，但是原则上应该能够观察到。德布罗意干了一件大事，另一个物理世界的那幅巨大的帷幕，已经被轻轻地掀开了一角。

德布罗意还应用爱因斯坦的相对论，推出了物质波的波长公式。因为 $E=mc^2$ 以及 $E=h\nu$，于是得到 $mc^2=E=h\nu$，所以 $\nu=mc^2/h$，即波长与粒子的质量和速度的乘积成反比。

好。电子有一个内在频率 $\nu$。那么频率是什么？它是某种振动的周期。这表明电子在前进时，本身总是伴随着一个波。德布罗意大胆预言，电子在通过一个小孔或者晶体的时候，会像光波那样产生一个可观测的衍射现象。后来，在美国贝尔电话实验室工作的物理学家戴维逊及其助手革末在做电子束在晶体表面的散射实验时，果然证实了电子束的衍射现象，这正是波的特征。德布罗意因此获得1929年的诺贝尔物理学奖。他也是有史以来第一个仅凭借博士学位论文就直接获取科学的最高荣誉——诺贝尔物理学奖的例子。

1926年，奥地利物理学家薛定谔在德布罗意物质波思想启发下，提出了计算物质波传导的方程式，人们将其称为薛定谔波动方程——量子力学的第二种表述形式。通过这个方程，我们可以计算物质波具有什么形态，以及这种波随时间的变化如何进行传导。

图8 薛定谔

在经典力学中，质点的状态用速度和坐标（或位置）来描述，而在量子力学中，一个粒子同时也是波，这就使得分析变得复杂。因此，在薛定谔方程中，引入了一个全新的数学量——波函数 $\Psi$，它反映了微观粒子的波粒二象性。这样，微观粒子的状态就由波函数来描述：

$$i\frac{h}{2\pi}\frac{\partial\Psi}{\partial t}=H\Psi$$

式中，$i$ 为虚数符号，$h$ 为普朗克常数，$\Psi$ 为波函数，$H$ 为哈密顿函数。

当薛定谔把这个方程用于氢原子时，能够得到像玻尔一样的结果，而无须另外假设其他条件。

薛定谔创立的波动方程是一个偏微分方程，它是连续的而不是分立的，掌握起来比较容易，很快就被物理学家所接受。一些著名的物理学家给予充分的肯定。普朗克说："这一方程奠定了近代量子力学的基础，就像牛顿、拉格朗日和哈密顿创立的方程在经典力学中所起的作用一样。"玻尔说："这一时期中登峰造极的事件，就是薛定谔在 1926 年建立了一种更容易掌握的波动力学。"

在薛定谔方程中，波函数 $\Psi$ 是一个复函数，而在经典力学中的声波或电磁波的波动方程中只包含实数，并没有复数出现。因此，声波或电磁波比较容易描述，而且是可以看得见的，理解起来自然容易。而作为复数的波函数 $\Psi$ 所描述的波，如电子的波是看不见的，它到底是什么性质的波，其真实面目充满了神奇。这就需要对波函数 $\Psi$ 的物理意义作出解释。

1926 年,德国物理学家波恩在《论碰撞过程的量子力学》的论文中,提出了波函数的统计解释。他认为波函数是概率波,用来表示可以发现电子的概率。这个解释很快成为物理学界公认的正统解释。

在波恩的解释中,提出了一个思想实验(假设没有技术限制所进行的实验,设想它会得到什么样的结果)。假设在一个箱子中放入一个电子并将箱子封闭。如将电子看作波,作为波的电子在箱子里就应该以比较均匀的状态分布。接下来,我们在箱子中放入一块隔板,将箱子分割成两个空间。这样一来,电子的波也应该被一分为二。也就是说,如果电子的波像水面的波那样以分散的状态分布,箱子中的波就应该被隔板从中一分为二。

不过,请大家思考一下,我们向箱子里放了一个电子,在这种情况下,被隔板一分为二的电子的波,究竟是指什么呢?难道是半个电子吗?事实上,并没有被切成一半的电子。因为电子是最小的微粒,即基本粒子的一种。也就是说,一个电子是不可能再被细分的。即便是在技术先进的今天,人们仍然不能将一个电子任意分割。

通过这个思想实验可以得出,电子的波具有和其他的波

截然不同的性质。也就是说，一个电子的波是不可能分割成复数的。因为人们只能看见一个完整的电子，从来没有见过被分割成复数个数的电子。那么，这时候被分割的是什么呢？它指的是电子被分割到隔板左边还是右边的概率。也就是说，电子被分到左边的概率是50%，被分到右边的概率也是50%。波恩发现波函数的绝对值平方$|\Psi|^2$（这个数值一定是实数）和电子被发现的位置的概率成比例，如图9所示。如果电子在$A$点被发现的概率是10%；电子在$B$点被发现的概率是40%；而经过$C$点的波的振幅为零，这时，在$C$点发现电子的概率就是零。另外，经过$D$点的波的振幅和$A$点大小（绝对值）相同，所以二者的概率是完全相同的。

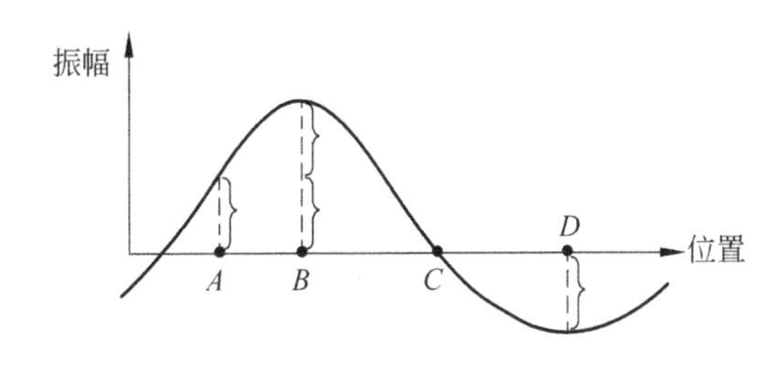


图9　波函数是概率波

这样一来，我们能否在“某个位置”发现电子，就受到经过该位置的波的振幅，即波函数$\Psi$值的影响。$\Psi$的绝对值越大的位置，发现电子的概率就越高。这就被称作“波函数的统计解释”。波恩说：“要不用这种统计观点的话，辐射的微粒性和波动性之间的矛盾在物理学中会得不到解决的。”由于薛定谔和波恩对量子力学基础研究所作的重要贡献，他们分别于1933年和1954年获诺贝尔物理学奖。

然而，波动力学的创立者薛定谔却始终不能容忍量子力学的统计解释。他总希望能够回到经典物理学上去，因为他认为，经典物理学具有无条件的自然必然性和清晰的概念。薛定谔甚至设计了一个猫的实验，来说明统计解释是荒谬的。同样，对量子理论发展作出过贡献的爱因斯坦，也一直反对量子力学的统计解释。1926年，他在给波恩的信中说：“量子力学固然是堂皇的，可是有一种内在的声音告诉我，它还不是那么真实的东西，这个理论说得很多，但一点也没有真正使我们更加接近‘上帝’的秘密。我无论如何都深信，上帝不是在掷骰子。”对这个问题，爱因斯坦与玻尔之间展开了40年的争论。争论的实质是因为量子力学中引进了统计概念，这就使它的本质变成统计性的。这样，量子力学中的规律已经不再是严格决定论的规律，而是要服从概率论的统计规律。玻尔甚至认为：大自然的一切规律都是统计性的，经典因果律只是统计规律的极限。爱因斯坦则表示不同意对自然界的描述本质上是统计性的，并认为量子力学理论不完备。他公开而直言不讳地说：“上帝是不会玩掷骰子游戏的。”

谈到波动力学，有必要提一下它的创始人对生命科学的重大贡献。1944 年 57 岁的薛定谔以他的《生命是什么》一书的出版震惊了科学界，在这本书中他提出了三个观点：

(1) 生命以负熵为生。

(2) 遗传是以密码形式通过染色体来传递。

(3) 生命体系中存在量子跃迁现象，$X$ 射线照射可以引起遗传的突变就是证据。

薛定谔的贡献，是他将生命现象的解释从细胞水平提高到了更微观水平——分子水平。

最后，让我们回顾一下量子力学发展过程所经历的两条迥然不同的道路。第一条道路是从直接观测到的原子谱线出发，引入矩阵的数学工具，用这种奇特的方块表格建立起新的力学大厦。另一条道路，是以德布罗意的理论为切入点，利用经典的哈密顿方程，构造一个体系的新函数——波函数 $\psi$，然后代入德布罗意关系式和变分法，最后求出了方程及其解答。两条道路长期对峙和激烈争论，各自都认定自己的那套方法才是唯

图 10 狄拉克

一正确的。但是，很快人们就知道，从矩阵出发，可以推导出波动函数的表达形式来。而反过来，从波函数也可以导出矩阵，这两种理论被数学证明是等价的。1930 年狄拉克出版了那本经典的量子力学教材《量子力学原理》，将两种力学完美地统一起来，完成了量子力学的普遍综合。

# 6

# 测不准原理

在量子力学创立的时期，正是实证主义盛行的时候，实证主义者认为，只有能观察到的量才是可以使用的，必须把一切不可观察的量排除出去。薛定谔就说过，矩阵力学的斗士们所主张的那种不连续的物理量是非理性的，因为它是不能看到的、非直观的。海森堡坚决反驳这样的观点。这种争论在当时是很激烈的。在量子力学中，电子轨道是看不到的，粒子的位置和速度也是不能同时观察到的量。实证主义者认为，这些量就不能在理论中出现。但是在任何一门物理理论中都有一些物理量是观察不到的。气体分子运动中的分子就是看不到的。在波动力学中，波函数也是看不到的；在一定条件下，能观察到的量只是波函数的平均值，或者概率。因此，不能要求在物理理论中只包括可观察的量。这时，只能要求理论所描述的世界，应当与实验中观察到的世界一致。

海森堡渴望着对位置、速度两个概念作出新的解释。

1927年，他发表了具有历史意义的论文《量子理论运动学和动力学的直观内容》，其中指出："决定微观粒子的运动状态有两个参数：微观粒子的位置及其速度。但是永远也不可能在同一时间里精确地测定这两个参数；永远也不可能在同一时间里知道粒子在什么位置，速度有多快和运动的方向。如果要精确测定微粒在给定时刻的位置，那么它的运动速度就遭到破坏，以致不可能重新找到该微粒。反之，如果要精确测定它的速度，那么它的位置就完全模糊不清。"这就是著名的测不准原理(或称不确性原理)。

测不准原理断言：在经典力学中，一个质点的位置和动量(物体只有运动起来，有了速度，才有动量，速度与动量关系密切)是可以同时精确测定的。例如飞机来了，雷达可以把飞机的位置和速度都准确测定。而在微观世界中，要同时精确测定粒子的位置和动量是不可能的。我们对一个量测量得越准，则另一个"共轭"量的不确定性就越大。海森堡给出了测不准关系式：

$$\Delta x \Delta p_x \geqslant \frac{h}{2}$$

式中$\Delta x$——粒子坐标的不确定度(或坐标测量误差)；

$\Delta p_x$——粒子动量在$x$分量上的不确定度(或动量测量误差)；

$h$——普朗克常数。

测不准关系式告诉我们,微观粒子的坐标偏差和动量偏差的乘积永远等于或大于常数 $h/2$。也就是说,如果微观粒子的坐标越确定($\Delta x$ 越小),则其动量就越不确定($\Delta p_x$ 越大);反之亦然。进一步说,如果粒子的动量是完全确定的($\Delta p_x \to 0$),则其坐标就完全不确定了($\Delta x \to \infty$);反之亦然。总之,微观粒子的坐标和动量,不可能同时具有确定的值($\Delta x$ 和 $\Delta p_x$,不能同时为零)。也就是说,根据这个原理,我们要想精确地测定粒子的位置,就无法测定它的速度;反过来,要想精确地测定其速度,就无法测定它的位置。或者我们折中一下,同时获取一个比较模糊的位置和比较模糊的速度。

人们当然知道,任何物理量都不能测得完全精确。然而,人们相信随着技术的进步,方法的创新,认识的革命,会不断减小测量误差,提高精度,物理量的测定会越来越精确。正像我们在测量恒星的岁差时所看到的那样,并且认为这一过程可以无止境地进行下去。然而,根据海森堡的测不准关系式来看,事实上并不是这样,可达到的精确性是有一定限度的,而这并不是由于我们的测量仪器不够完善造成的。测不准关系是微观粒子具有波粒双重性的必然结果。

海森堡认为,当我们的研究工作由宏观领域进入微观领域的时候，就会遇到一个矛盾：观测的仪器是宏观的，而研究的对象是微观粒子；宏观的测量仪器必定会对微观粒子产生干扰，这种干扰又会对我们的认识产生影响；人们只能用反映宏观世界的经典概念来描述从宏观仪器所观测到的结果。这种经典概念在描述微观粒子时不会不受到限制。在宏观世界里，我们在观察任何现象以及测量物体的性质时，不会对所观测的对象产生显著的影响；然而，在微观世界里，由于粒子的质量太小，无论我们采取什么样的观测手段，总会对被观测的对象产生实质的干扰。

在经典力学中，因为能同时确定质点的位置和速度，以轨道为依据，就能由质点的现在状态推断其过去和未来的状态，就能在所有现象之间建立起稳定、必然的因果联系。从而使经典力学成为决定论的。然而，在量子力学中，由于测不准原理，我们不能同时精确地测定粒子的位置和速度，得不到一个准确的初始状态，也就排除了对未来事件作严格预言的可能。正如霍金说："不确定性原理对我们的世界观有非常深远的影响。甚至过了 70 多年以后，它还不为许多哲学家所鉴赏，仍然是许多争论的主题。不确定性原理使拉普拉斯科学理论，即一个完全决定的宇宙模型的梦想终结。如果人们甚至不能精确地测量宇宙的现在状态，就肯定不能准确地预言将来的事件了。"

从波函数的统计解释和测不准原理,我们得知量子力学的统计性质是本质的,不可避免的。因而它对决定论的冲击就更加有力。玻尔说,量子力学导致"决定论理想的无可挽回地放弃。"波恩说:"量子定律的发现宣告了严格决定论的结束,而这种决定论在经典时期是不可避免的。这个结果具有重大的哲学意义。在相对论改变了空间和时间的观念之后,现在又必须修改康德的另一个范畴——因果性。这些范畴的先验性已经保持不住了。不过,这些原理原来所占据的位置现在当然也不会空着,它们被新的表述来接替了。对于空间和时间里的情况,换成了明科夫斯基的四维几何规律。对因果性的情况,同样也有一个更普遍的概念,这就是概率的概念。"

# 量子纠缠

## 7.1　几个基本概念

### 7.1.1　宏观世界与微观世界

宏观世界是我们看得见、摸得到的世界，适用于和人同尺度的现象；微观世界是指分子、原子、电子等微小粒子层面的物质世界。描述两个世界的物理法则是不同的。牛顿力学和相对论用确定性方法（或决定论）描述宏观世界。在这里，一切事物的运动、变化都遵循必然性的规律；量子力学用统计方法描述微观世界，在这里，一切瞬息万变的微观态只能给出一个可能、概率的结果。

这样，我们就有了描述物理世界的两种不同的方法：确定性方法与统计方法。两种描述方法是平等的伴侣，同样有用、同样重要、同样为科学家所接受；但它们又是这样的不同、不可调和的不同，是基本精神完全不同的两种描述方法。

决定论在人们思想中已经根深蒂固，连爱因斯坦这样伟大的物理学家也坚决反对统计描述方法，他相信“上帝不掷骰子”。骰子是什么东西？它应该出现在澳门和拉斯维加斯的赌场中。但是，物理学？不，那不是它应该来的地方。骰子代表了投机，代表了不确定性，而物理学是一门最严格、最精密，最不能容忍不确定性的科学。但是，当波恩于 1926 年 7 月将统计解释引进薛定谔的波动方程之后，概率这一基本属性赋予了量子力学，标志着一统天下的决定论在 20 世纪悲壮谢幕！

### 7.1.2 量子力学的波函数

在经典力学中，用质点的位置和动量（或速度）来描述宏观质点的状态，这是质点状态的经典描述方式，它突出了质点的粒子性。由于微观粒子具有波粒二象性，粒子的位置和动量不能同时确定，因而质点状态的经典描述方式不适用于对微观粒子的描述。

在量子力学中，为了定量地描述微观粒子的状态，便引入了波函数。一般讲，波函数是坐标和时间的复函数，并用 $\psi(r,t)$ 表示。波函数 $\psi$ 的绝对值的平方，对应于微观粒子在某处出现的概率密度。在电子双缝干涉实验中，我们观察到电子在屏幕上各个位置出现的概率密度并不是常数，有些地方出现的概率大，即出现干涉图样中的“亮条纹”；而有些地方出现的概率却可以为零，没有电子到达，显示“暗条纹”。据此可以认为波函数所代表的是一种概率的波动，它既不描述粒子的形状，也不描述粒子的运动轨道，它只给出粒子运动的概率分布。波函数概念的形成正是量子力学完全摆脱经典的观念，走向成熟的标志。

### 7.1.3 波函数坍缩

在宏观世界中，因为宏观物体只能显示粒子性一种属性，它的波动性根本显示不出来，所以宏观物体构成了一种物理实在，与你的观察无关。而微观粒子却有粒子性和波动性两种属性，在这种情况下，你的观察就会起到决定性作用了。

这实际上就是“波函数坍缩”的概念。根据哥本哈根学派的解释，在一次测量和下一次测量之间，除抽象的概率波函数以外，这个微观物体不存在，它只有各种可能的状态；仅当进行了观察或测量，粒子的“可能”状态之一才成为“实际”的状态，并且所有其他可能状态的概率突变为零。这种由于测量行为产生的波函数的突然的、不连续的变化被称为“波函数坍缩”。比如在电子双缝干涉实验中，每个电子落在屏幕上都是一次波函数坍缩。

对此爱因斯坦并不赞同，因为没有现成的机理来解释看起来是弥散在空间中的波函数也可能在瞬间“收敛”于检测点。他认为这种瞬间的波函数坍缩存在一种超距作用，粒子在某一点出现意味其他可能出现点的概率瞬间为零，这种信息传递是超光速的，是违背相对论的。爱因斯坦把这种指责最后提炼为一个称为 EPR 佯谬的思想实验。

### 7.1.4 量子态叠加原理

如果 $\psi_1$ 和 $\psi_2$ 是体系的可能状态，那么它们的线性叠加 $\psi=C_1\psi_2+C_2\psi_2$（$C_1$，$C_2$ 是复数）也是体系的一个可能状态，并且这种叠加可以推广到很多态。当粒子处于态 $\psi_1$ 和态 $\psi_2$ 的线性叠加态 $\psi$ 时，粒子是既处在态 $\psi_1$，又处在态 $\psi_2$。

在量子力学中，波函数 $\psi$ 被用来描述一个物理体系的状态，粒子处于波函数定义的所有状态的叠加态，也就是说，它既在这里，又在那里，也可以说哪里都不在，它只存在于波函数的方程里。只有对该粒子的具体状态进行测量时，波函数的叠加态突然结束，坍缩到某个特定值，我们才能知道该粒子究竟处于什么状态。量子力学神奇之处在于：你不对粒子进行观测，也就处于叠加态，你一观测，它的这种叠加态就崩溃了，坍缩到一个唯一状态。

量子力学中的粒子状态可以叠加存在的观点，已被越来越多的物理实验(如电子的双缝衍射实验)所验证,这是微观世界中最重要的性质,也是量子力学的核心内容。

### 7.1.5 定域性与非定域性

定域性又称局域性。1935 年爱因斯坦等人给出了定域性假设:“由于在测量时两个体系不再相互作用,那么,对第一个体系所能做的无论什么事,其结果都不会使第二体系发生任何实在的变化。这只不过是两个体系之间不存在相互作用这个意义的一种表述而已。”这就是说,如果两个体系没有相互作用,其中一个体系发生的任何变化不会导致另一个体系发生变化。

定域性的英文是 locality,其词义是:在空间中占有一定位置的事实或性质。非定域性由前缀 non 与 locality 构成 nonlocality。从词义来看,非定域性表示与定域性的“非”“不”“无”的这样一种性质,也就是说,非定域性应作定域性的否定性理解。非定域性表示没有定域性的那样一种性质。

相对论的巨大成功让人相信,定域性是一切物质相互作用应当遵守的法则,任何物理效应包括信息传递都不可能以大于光速的速度传递。然而量子力学让人颇感意外。1964 年,贝尔提出了检验定域性的方法——贝尔不等式。贝尔指出所有定域性理论都有一个界限，即贝尔不等式，而一系列实验表明量子力学可以突破这个界限，大自然是允许这种非定域关联的。与定域性相悖，量子世界是非定域性的。简单地说，量子的非定域性是指，属于一个系统中的两个物体（在物理模型中称为粒子），如果你把它们分开了，有一个粒子甲在这里，另一个粒子乙在非常遥远的地方。如果你对任何一个粒子（假设粒子甲）扰动，那么瞬间另一个粒子乙就能知道，并作出相应的反应。这种反应是瞬时的，超越了我们的四维时空（在普通三维空间的长、宽、高三条轴外又加了一条时间轴），是非定域性的。

### 7.1.6 物理实在

物理学研究物质世界，必须认识客观世界的实在性。那么什么是"实在"呢？最质朴的含义就是实实在在，是真实的，不是虚假的，与人的主观意识无关的。或者说，"实在"就是它本来的那个样子，人的意识不能把它想怎样就怎样，但是意识可以反映它。

在我们头脑中，客观世界的定域性和实在性是根深蒂固的，定域性是指某个时刻一个物体的位置是明确的；实在性是指客观世界不依赖于人的意识而独立存在。然而量子力学的结论是惊世骇俗的。玻尔认为，在量子世界中，所谓的定域性是不存在，而实在性，从物理学角度也是无法确定的。按照哥本哈根学派的解释，不存在一个客观的、绝对的世界。唯一存在的，就是我们能够观测到的世界。测量是新物理学的核心。测量行为创造了整个世界。这种理论是大多数人所不愿接受的，我们一般会毫不犹豫地认为这个世界是实实在在存在的，眼前的电脑、屋外的果树、鲜花，一切的一切，都是实实在在地待在那儿，并不会因为我们注意不到就不存在。为保卫经典世界的实在性，一些科学家不遗余力地提出关于量子力学的不同解释。其中爱因斯坦等提出的隐变量理论认为，我们不清楚粒子的行为是因为暂时还没有找到隐藏的变量，粒子其实和乒乓球一样是经典存在的。然而，理论必须由实践来检验。后来，贝尔不等式的实验结果不支持隐变量理论。2000年，潘建伟，Bouwmeester、Daniell 等人在《自然》杂志上报道，他们的实验结果再次否决了定域的隐变量理论。

量子力学表明，微观物理“实在”既不是波，也不是粒子，真正的“实在”是量子态。微观体系的实在性还表现在它的不可分离性上。量子力学把研究对象及其所处的环境看作一个整体，它不允许把世界看成是由彼此分离的、独立的部分组成的。

## 7.2 EPR 佯谬

1935 年，爱因斯坦(A. Einstein)、波尔斯基(B. Podolsky)和罗森(N. Rosen)三人(EPR)在《物理评论》上发表了《量子力学对物理实在的描述可能是完备的吗?》一文，以质疑量子力学的完备性。概括起来就是量子理论应该同时满足：①定域性的，也就是没有超过光速信号的传播；②实在性的，也就是说，存在一个独立于我们观察的外部世界。具体来说，三人对于量子理论中的观测问题和波函数的统计解释问题提出了质疑。

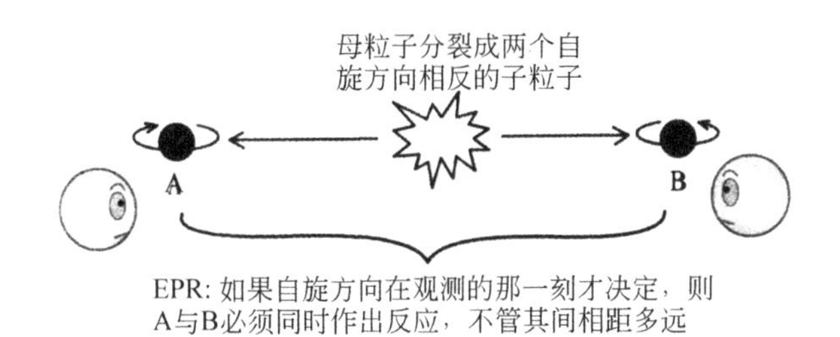


图 11 EPR 佯谬

用一个稍稍简化了的实验来描述他们的主要论据。我们已经知道，量子理论认为在我们没有观察之前，一个粒子的状态是不确定的，它的波函数弥散开来，代表它的概率。但当我们探测之后，波函数坍缩，粒子随机地取一个确定值出现在我们面前。

现在我们想象一个大粒子，它本身自旋为 0。但它是不稳定的，很快就会衰变成两个小粒子，向相反的两个方向飞去。我们假定这两个小粒子有两种可能的自旋，分别叫“左”和“右”，那么如果粒子 A 的自旋为“左”，粒子 B 的自旋便一定是“右”，以保持总体守恒，反之亦然。

好，现在大粒子分裂了，两个小粒子相对飞出去。但是要记住，在我们没有观察其中任何一个之前，它们的状态是不确定的，只有一个波函数可以描述它们。只要我们不去探测，每个粒子的自旋便处在一种左/右可能性叠加的混合状态，为了方便，我们假定两种概率对半分，各 50%。

现在我们观察粒子 A，于是它的波函数一瞬间坍缩了，随机地选择了一种状态，比如说是“左”旋。但是因为我们知道两个粒子总体要守恒，那么现在粒子 B 肯定就是“右”旋了。问题是，在这之前，粒子 A 和粒子 B 之间可能已经相隔非常遥远的距离，比如说几万光年。它们怎么能够做到及时地相互通信，使得在粒子 A 坍缩成“左”的一刹那，粒子 B 一定会坍缩成“右”呢？

量子理论的概率解释告诉我们，粒子 A 选择“左”，那是一个完全随机的决定，两个粒子并没有事先商量好，说粒子 A

一定会选择“左”。事实上，这种选择是它被观测的那一刹那才做出的，并没有先兆。关键在于，当A随机地做出一个选择时，远在天边的B便一定要根据它的决定而做出相应的坍缩，变成与A不同的状态，以保持总体守恒。那么，B是如何得知这一遥远的信息的呢？难道有超过光速的信号来回于它们之间？

假设有两个观察者在宇宙的两端守株待兔，在某个时刻，他们同时进行观测：一个观测A，另一个观测B。那么，这两个粒子会不会因为距离过于遥远，一时无法对上口径，而仓促间做出手忙脚乱的选择，比如两个同时变成了“左”或“右”？显然是不太可能的，不然就违反了守恒定律。那么是什么让它们之间保持心有灵犀的默契，当你是“左”的时候，我一定是“右”？

爱因斯坦等人认为，既不可能有超过光速的信号传播，那么说粒子A和B在观察前是“不确定的幽灵”是难以自圆其说的。唯一的可能是两个粒子从分离的一刹那开始，其状态已经客观地确定了。后来人们的观测只不过是得到了这种状态的信息而已。就像经典世界中所描绘的那样。粒子在观测时才变成真实的说法显然违背了相对论的原理，它其中涉及瞬间传播的信号。这个诘难以三位发起者的首字母命名，称为“EPR”佯谬。

玻尔在得到这个消息后大吃一惊，他马上放下手头的其他工作，来全神贯注地对付爱因斯坦的挑战。他睡了一觉后，马上发现了其中的破绽所在，原来爱因斯坦和玻尔根本没有共同的基础。在爱因斯坦的潜意识里，一直有个经典的"实在"影像。他不言而喻地假定，EPR 实验中的两个粒子在观察之前，分别都有个"客观"的自旋状态存在，就算是概率混合吧，但粒子客观地存在那里。但玻尔的意思是，在观测之前，没有一个什么粒子的"自旋"！因为你没有定义观测方式，那时候谈自旋的粒子是无意义的，它根本不是物理实在的一部分，这不能用经典语言来表达，只有波函数可以描述。因此在观察之前，两个粒子——无论相隔多远都好——仍然是一个互相关联的整体！它们仍然必须被看作母粒子分裂时的一个全部，直到观察以前，这两个独立的粒子都是不存在的，更谈不上客观的自旋状态！

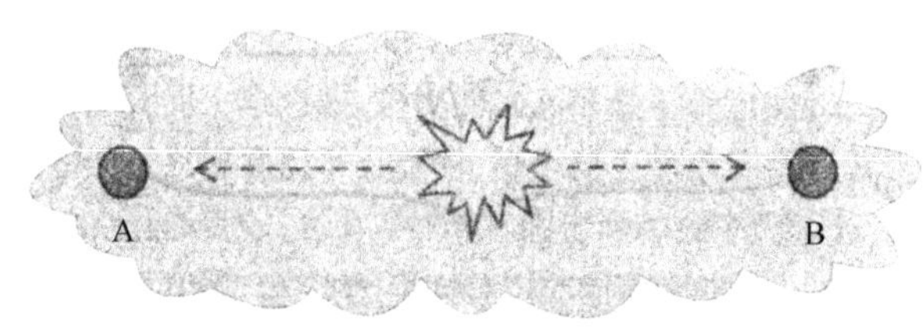


哥本哈根：在观测前"现实"中并不存在两个自旋的粒子，自旋只有和观测联系起来才有意义，在那之前两个粒子只能看成"一个整体"。

图 12　哥本哈根观点看 EPR

这是爱因斯坦和玻尔思想基础的尖锐冲突。玻尔认为，当没有观察的时候，不存在一个客观独立的世界，所谓"实在"只有和观测手段连起来讲才有意义。在观测之前，并没有"两个粒子"，而只有"一个粒子"。A 和 B"本来"没有什么自旋，直到我们采用某种方式观测了它们之后，所谓的"自旋"才具有物理意义，两个粒子才变成真实，变成客观独立的存在。但在那以前，它们仍然是互相联系的一个虚无整体，对其中任一个的观察必定扰动了另一个的状态。并不存在什么超光速的信号，两个遥远的具有相反自旋的粒子本是协调的一体，之间无须传递什么信号。其实是这个系统没有实在性，而不是没有定域性。

EPR 佯谬其实根本不是什么佯谬，它最多表明了，在"经典实在" 观看来，量子理论是不完备的，这简直是废话。但是在玻尔那种"量子实在"观看来，它是非常完备和逻辑自洽的。

## 7.3 薛定谔"猫"佯谬

量子力学创立以来，量子理论的基础仍笼罩着一层扑朔迷离的浓雾，量子力学存在着不同的解释。虽然年轻一代物理学家绝大多数接受了量子力学的正统解释——以玻尔为首的哥本哈根学派提出的一整套对量子理论的诠释。但是，对哥本哈根观点持异议的科学家，形成了以最有威望的爱因斯坦为首的非正统学派，其中包括提出物质波思想的物理学家德布罗意，建立量子力学波动方程的薛定谔等，他们同玻尔、海森堡等人展开了激烈的争论，提出了不少思想实验和佯谬与哥本哈根学派的观点抗衡。

图 13　薛定谔“猫”悖论

1935 年，薛定谔发表了题为《量子力学的现状》论文，文中提出一个“猫”佯谬，大意是，在一个封闭的箱子里放上一只猫，箱子里面用盖革计数器一端连着一个盛有剧毒氰化物的封闭玻璃瓶，另一端连着盛有美味食物的瓶子。盖革计数器管中有一小块放射性物质，非常小，在一小时内只有一个原子衰变。当一个原子衰变，就会通过盖革计数器管触发小锤，或者使含剧毒玻璃瓶破裂，必定毒死猫；或者使食物玻璃瓶破裂，猫就是活的。按照经典世界规则，一小时结束时，猫不是死就是活，二者必居其一。

然而按照量子力学，箱内整个系统处于死态、活态的叠加态，即猫是半死半活的，这是一只又死又活的猫。薛定谔认为，从量子力学的统计性会得出这样荒谬的结论。薛定谔的说法是没有道理的。实际上，在没有开箱子之前，就只能用统计方法来估计箱子里的情况，猫死猫活的可能各占50%；只要打开箱子，就可以看到猫是死了还是活着，它不会处于死活两种状态之间。霍金说："如果打开箱子，就会发现该猫非死即生。但是在此之前，猫的量子态应是死猫状态和活猫状态的混合。有些科学哲学家觉得这很难接受，猫不能一半被杀死一半没被杀死。他们断言，正如没有人处于半怀孕状态一样。使他们为难的唯一原因在于，他们隐含地利用了实在的一个经典概念，一个对象只能有一个单独的确定历史。量子力学的全部要点是，它对实在有不同的观点。根据这种观点，一个对象不仅有单独的历史，而且有所有可能的历史。大多数情形下，具有特定历史的概率会和具有稍微不同历史的概率相抵消；但在一定情形下，邻近历史的概率会相互加强。我们正是从这些相互加强的历史中的一个观察到该对象的历史。在薛定谔猫的情形，存在两种被加强的历史。猫在一种历史中被杀死，在另一种中存活。两种可能性在量子理论中共存。因为有些哲学家隐含地假定猫只能有一个历史，所以他们就陷入这个死结而无法自拔。"

量子力学认为，在人们对粒子进行观测之前，永远不会确切地知道它的状态。在观测之前，粒子处于各种可能状态中的一个。所有这些状态都由薛定谔波函数来描述。因此，在观测之前，人们不能确切地知道粒子的状态。实际上，在观测之前，它处于所有可能状态的总和中。当这个思想第一次被玻尔和海森堡提出时，竟遭到普遍地反对。爱因斯坦提出一个问题，“月亮只是因为老鼠盯着它看才存在吗？”根据量子力学的解释，月亮在被观测之前，实际上并不存在于我们所知道的状态中。月亮可能处于无限多个状态中的任何一个，包括它在天空，或正升起，或根本不在天空。而盯着月亮看的观测过程确定了月亮在围绕着地球运行。中国古代文学家王阳明在《传习录·下》中说过一句有名的话：“汝未来看此花时，此花与汝同归于寂；汝来看此花时，此花颜色一时明白起来……”如果王阳明懂得量子理论，他多半会说：“你未观测此花时，此花并未实在地存在，按波函数而归于寂；你来观测此花时，则此花波函数发生坍缩，它的颜色一时变成明白的实在……”测量即是理，测量外无理。可见，量子力学的确引进一种崭新的思想。

“薛定谔的猫”是科学史上著名的怪异形象之一，现在成了举世皆知的明星，常常出现在剧本、漫画和音乐之中，它最长脸的一次大概是被“恐惧之泪”，这个在 20 世纪 80 年代红极一时的乐队作为一首歌的标题演唱，歌词是“薛定谔的猫死在了这个世界”。

## 7.4 量子纠缠

一百多年前，科学界认为原子由原子核与电子组成，而电子绕着原子核老老实实地做圆周运动，就像行星绕着太阳一样。然而量子力学的建立对这样的思想说“不”，微观世界并不是这样的！

如果在原子级别，甚至比原子还小级别的粒子“切割”一下，把一个粒子“切割”成两个或更多个小粒子，那么“切割”后的粒子就组成了纠缠粒子系统。它们就像是同一个妈妈生的儿子们，这些小粒子本来是属于同一个粒子，然而通过某些技术手段被搞成了两个甚至更多个小粒子。那么那些小粒子就有一个特点——“心灵感应”。比如把A粒子轰击成甲乙两个更小的粒子，那么甲乙这两个小粒就像开了挂一样，即便相距多么遥远都会感应到彼此，而且还是瞬时完成的。举个例子，如果甲乙粒子都在自旋，我们把它们放在不同的盒子里，若揭开甲粒子的盒子，发现甲粒子自旋方向为上，那么我们就瞬间知道乙粒子自旋方向为下。甲乙粒子在未揭开盒子之前，甲粒子状态是叠加态，而乙粒子也是如此。即两种状态叠加在一起，每一种状态都有可能发生，不能确定到底哪种状态会发生，因此甲粒子与乙粒子纠缠在一起，形成纠缠态(见图 14)。

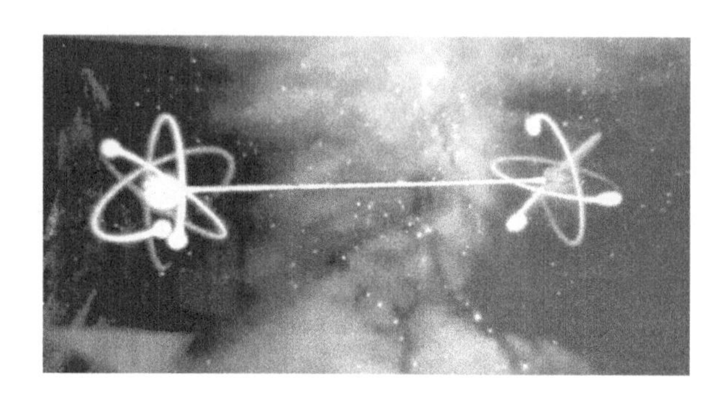

图 14　量子纠缠

量子纠缠现象其实是一种超乎寻常的超距作用。在微观世界里，量子系统下的一对纠缠粒子，如果被置于两地，无论它们相距多么遥远，都会同时感应到彼此。即便一个粒子在地球上，而另一个粒子在银河系外，它们也会同时感应到对方。这种现象在宏观世界会变得异常地超乎常理！甚至爱因斯坦也很困惑，以至于他称其为“魔鬼般的超距作用”。虽然爱因斯坦极其不理解量子纠缠，但是越来越多的实验已经表明，量子纠缠就是微观世界最普遍的一种现象。但你或许会好奇，狭义相对论不是规定了速度的极限就是光速吗？量子纠缠感应速度那么快，为什么不违背相对论呢？

诚然如此，现代物理学已经告诉我们，量子纠缠的速度至少是光速的 4 个数量级，也就是至少是光速的 1 万倍，这还只是量子纠缠的速度下限！其实在相对论中的光速极限原理，指的是把一个实物粒子不能加速到超过光速，因为物体的速度越快，质量就越大，当速度接近光速时，质量就逼近无穷大，也就需要无穷大的能量来推它的加速运动，所以实在物体的最大速度不能超过光速。而量子纠缠就完全不同，这种速度只是感应速度，并不需要把实在物体加速到光速以上，所以量子纠缠也不能传递信息，因为纠缠粒子之间的感应并不是通过传播子来完成的，而电磁波之所以可以传递信息，是因为电磁波本身就包含着光子这种实物传播子。但是到目前为止，科学家也不知道量子纠缠的内在机制究竟是什么？科学家只能肯定量子纠缠是一种客观现象。

对于宏观物体来说，如果它被分解为许多碎片，各个碎片向各个方向飞去，可以描述各碎片的状态，就可以描述整个系统的状态。即整个系统的状态是各个碎片状态之和。但是，量子纠缠表示的系统不是这样。我们不能通过独立描述各个量子的状态来描述整个量子系统的状态。量子纠缠的关联是一种非定域关联，是一种超空间的关联。处于量子纠缠的两个粒子，无论其距离有多远，一个粒子的状态变化都会影响另一个粒子瞬时发生相应的状态变化，即两个粒子间不论相距多远，从根本上讲它们还是相互联系的，且不需要任何直接交互。这一现象既违背了经典力学，也颠覆了我们对现实的常识性理解。

我们用大家都熟悉的例子，电子双缝干涉实验来说明问题(见图 15)。当电子通过双缝后，假设我们没有去观察它，那么按照量子理论，它应该有一个确定而唯一的，随时间严格按薛定谔方程发展的量子态：

$$|\text{电子}\rangle=\frac{1}{\sqrt{2}}(|\text{穿过左缝}\rangle+|\text{穿过右缝}\rangle)$$

这样的式子(我们假设两种可能相等，所以每个量子态的系数是$\frac{1}{\sqrt{2}}$，概率平方之和等于 1)，意味着电子必须同时处在$|\text{左}\rangle$和$|\text{右}\rangle$两个量子态的叠加之中，电子没有一个确定的位置，它同时在这里又在那里！只要我们不观测，它便永远按薛定谔波动方程严格地发展。

但当我们去观测电子的实际行动时，电子就被迫表现为一个粒子，选择某一条狭缝穿过。也就是说，电子的波函数坍缩了，最终只剩下$|\text{左}\rangle$或者$|\text{右}\rangle$中的一个状态，它完全按照概率随机地发生。

下面对量子纠缠的数学表述作一简要介绍。

设想由两个子系统 A 和 B 组成的复合系统，若其量子态$|\psi_{A,B}\rangle$不能表示成为子系统量子态$|\alpha_A\rangle$和$|\beta_B\rangle$的直积，则称这

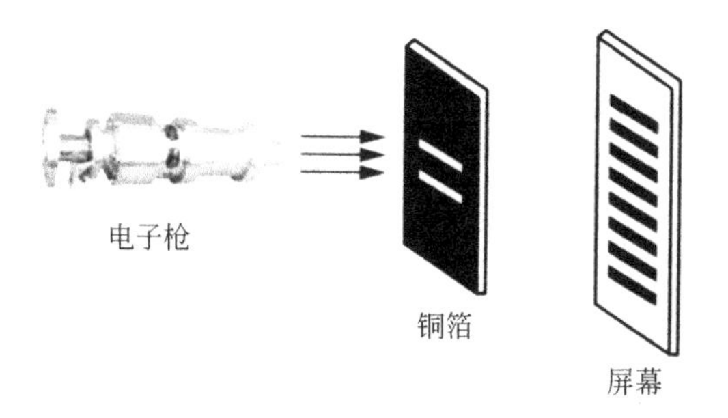


图 15 电子双缝干涉实验

个复合系统为纠缠态，两个子系统相互纠缠，即

$$|\psi_{A,B}\rangle \neq |\alpha_A\rangle \otimes |\beta_B\rangle$$

假设一个零自旋中性 π 介子衰变成一个电子与一个正电子。这两个衰变物各朝着相反的方向移动。电子移到区域 A，在那里的观察者会观测电子沿着某特定轴向的自旋；正电子移动到区域 B，在那里的观察者也会观测正电子沿着同样轴向自旋。在测量之前，这两个纠缠粒子共同形成了零自旋的纠缠态 $|\psi\rangle$，是两个直积态的叠加，以狄拉克标记表示为

$$|\psi\rangle = \frac{1}{\sqrt{2}}(|\uparrow\rangle \otimes |\downarrow\rangle + |\downarrow\rangle \otimes |\uparrow\rangle)$$

式中 $|\uparrow\rangle$，$|\downarrow\rangle$ 分别表示粒子自旋为上旋或下旋的量子态。

在圆括号内第一项表明，电子的自旋为上旋当且仅当正电子的自旋为下旋；第二项表明，电子的自旋为下旋当且仅当正电子的自旋为上旋，两种状态叠加在一起，每一种状态都可

能发生，不能确定到底哪种状态会发生，因此，电子与正电子纠缠在一起，形成纠缠态。假若不做测量，则无法知道这两个粒子中任何一个粒子的自旋。一旦我们测量其中一个粒子的状态（比如电子的自旋向上），就能够瞬间知道另一个粒子的状态（比如正电子的自旋向下），无论它们之间距离（比如 A 区至 B 区）有多么远。

通常一个量子是无法产生纠缠的，至少要有两个量子才行。鉴于全部现有的量子纠缠实验都离不开光子，光子便处于量子纠缠制备的中心地位。2016 年 8 月 16 日，中国量子科学实验卫星“墨子号”首次成功实现，两个纠缠光子被分发到超过 1200 公里的距离后，仍可继续保持其量子纠缠状态。

如何实现光子纠缠呢？通常对光子源产生的光子通过各种光学干涉的方法来获取。产生纠缠的光子数越多，干涉和测量系统就越复杂，实验难度也就越大。一个常用的办法是，利用晶体管的非线性效应。比如，把一个紫外线光子放进晶体管，由于非线性效应的存在，在输出端可以得到两个红外线光子。因为这两个红外线光子来源于同一个“母亲”，就处于相互纠缠的状态了。

中国科学院院士、中国科技大学教授潘建伟团队从 2004 年开始，一直保持着光子纠缠态制备的世界纪录。2004 年实现了 5 光子纠缠，接着，2007 年实现了 6 光子纠缠，2012 年实现了8光子纠缠，并且保持世界纪录至今。特别是2004年，潘建伟教授和他的同事杨涛、赵志等首次实现了国际上长期以来公认的高难度课题“五粒子纠缠态的制备与操纵”，并利用五光子纠缠源在实验上演示了一种新颖的量子态隐形传输。他们在英国《自然》杂志发表“五光子纠缠和开放目的的量子隐形传态的实验实现”论文。该论文所做的工作被欧洲物理学会的新闻网站(physics web)与美国物理学会进行了详细报道，并均将其选为年度重大物理进展，称赞这项工作代表了将量子力学原理应用到量子信息处理研究的一个重大突破，将极大地推动量子纠错编码和网络化量子信息技术的实验探索。

量子纠缠是两体及多体量子力学中非常重要的概念，是一种物理存在，它具有以下启示意义。

(1) 量子信息的传递速度是非定域的、超光速的。非定域、超光速并不是一个新问题，自EPR关联提出以来就受到了极大的关注，但量子纠缠的成功实验，人们再也不怀疑量子信息具有非定域性与超光速性。

即使没有对量子系统进行测量，量子系统中仍然包含信息，只是这些信息是隐藏的，我们可以称为本体论量子信息。当量子系统被测量之后，就产生了一系列数据，这是一种确定的信息，我们称为认识论量子信息，实际上，就是经典信息。

我们可得到这样的结论：本体论量子信息传递速度超过光速，它的存储不受距离的影响，可以是非定域的，而任何认识论量子信息即经典信息则不超过光速，只能定域存储。

(2) 量子纠缠能够实现隐形传态。原则上，利用量子纠缠就可能实现“瞬间移动”。比如，先制备一对处于叠加态的粒子，把其中的一个粒子送到遥远的地方，另一个粒子留在原地。然后让留在原地的那个粒子和一个新的粒子发生作用，作用的结果就是原来粒子的状态发生了改变，那么远处的那个粒子的状态必然瞬时改变。

如果实验设计的恰当，就可以让远处的那个粒子改变了状态之后和这个新的粒子的原始状态一致，那就相当把这个新的粒子瞬时传递到了远处，学术界称为量子隐形传态，因为传递的是粒子的状态，并不是粒子本身！

这件事早就被实验证实了，而且也在中国量子科学实验卫星“墨子号”上实现了。既然所有的物质都是由粒子组成的，只要把一个物体所有的粒子性质都传递过去，就相当于把这个物体“瞬间移动”过去了。

1997 年 9 月，中国科技大学潘建伟教授与荷兰波密斯特尔博士等合作完成了“实验量子隐形传态”，在国际上首次从实验上成功实现了将一个量子态从甲地的光子传送到乙地的光子上；实验中传输的只是表达量子信息的“状态”，作为信息载体的光子本身并不被传输。这一成果使原则上完全保密的密码通信手段在实验上成为可能，也使得进行快速量子计算所必需的基本单元操作成为现实。该篇论文分别于 1997 年入选欧洲物理学会“年度国际十大物理学新闻”，美国物理学会“年度国际十大物理学新闻”；于 1998 年入选美国 Science“年度国际十大科技新闻”；于 1999 年入选英国 Nature 特刊“百年物理学 21 篇经典论文”，入选中国国家科学技术部“1999 年基础研究十大新闻”。

(3) 量子纠缠是量子信息的基础，由此催生出一系列的量子信息技术，主要包括三个方面：利用光子通信可以实现原理上无条件安全的通信方式；利用量子计算可以实现超快的计算能力；利用量子精密测量可以在测量精度上超越经典测量的精度极限。

# 8 量子论发展史回顾

量子概念的诞生已经超过一个世纪了,现在让我们再回到那个伟大的时代,回顾一下那段史诗般壮丽的量子论发展史。

## 8.1 1900 年,普朗克提出了量子概念

这是一个革命性概念,具有划时代的意义,标志着量子力学的诞生。它推翻了自牛顿以来二百多年,曾经被认为是坚不可摧毁的经典世界,把经典留给了旧世纪,而量子时代很快就要来到!

量子从普朗克方程 $E=h\nu$ 中脱颖而出,这是能量的最小单位,一切能量的传输,都只能以这个量为基本单位来进行。能量在发射和吸收的时候,不是连续不断的,而是分成一份一份的。按照经典理论,热的辐射和吸收是一个完全连续的过

程，就像管子里流出来的一股水。这条连续性原理是经典物理学的一块基石。量子概念的提出，告诉人们物理过程的连续性丧失了，连续无限次分割的假设并不能够总是成立的。“无限分割”的概念是一种数学上的理想，而不可能在现实中实现。连续性的美好蓝图，也许不过是我们的一种想象。

写到这里，我们再次提出普朗克常数 $h$ 的重要意义。基础科学的三大发现：万有引力定律、量子论与相对论用三个宇宙常数来描述，分别是牛顿万有引力常数 $G$、量子论普朗克常数 $h$ 和爱因斯坦相对论的永恒不变光速 $C$。把这三个常数（$G$、$h$ 和 $C$）定为三个坐标轴，我们可以得到一个神秘的魔方，如图 16 所示。在原子的尺度，引力不重要，可设 $G=0$，电子的速度远小于光速，可设 $C=0$，经典力学没有量子效应可设 $h=0$。从原点出发沿 $G$ 轴前进，我们来到牛顿万有引力的宏

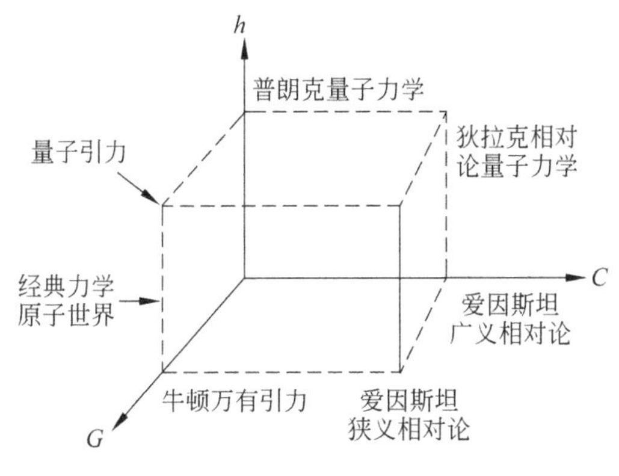


图 16　宇宙数学魔方

观世界；沿 $h$ 轴往上，我们步入量子力学描写的微观世界；沿 $C$ 轴逼近光速，我们进入爱因斯坦的时空。在这三个伟大发现之后，人类求知焦点就是把宏观宇宙、微观世界和光速时空联系起来。

万物皆朽，唯有宇宙常数与日月同辉！

## 8.2 1905 年，爱因斯坦提出了光量子假说

光量子假说用来解释光电效应中无法用经典电磁理论说得通的现象。经典理论认为光电辐射的能量是连续的，光的波动性的王位早已被麦克斯韦钦点了。爱因斯坦认为：光不是连续的，光是离散的，由一个个的基本单元（光子）所组成的，所有实验都强有力地证实了光电现象表现出量子特性，而不是相反。爱因斯坦明确提出了光的“波粒二象性”。也就是说，把光单纯看成粒子或单纯看成波动都是不完全的认识。光不但有波动性，也有粒子性。光在传播时显示出波动性，在与物质相互作用而转移能量时则显示出粒子性。它的行为“有时像粒子，有时像波，但却既不是粒子，也不是波”，两者不会同时显示出来，这就是光的本性——波粒二象性。

光与人类的生活有着密切的关系，它能引起人们的视觉。人们就是借助光来观察世界和从事劳动的。因此，人们一直

怀着极大的兴趣来研究光的性质。物理学界围绕着光的本质争论了几百年。爱因斯坦提出光量子假说，里程碑式地结束了这场争论。

需要指出，爱因斯坦提出光的波粒二象性，并不是以往牛顿的粒子说和惠更斯的波动说的简单结合。光的粒子性指光的量子性，而光的波动性指光是电磁波。这两种性质通过光的能量与动量公式联系起来，但又相互矛盾，不能归结为一种属性。于是说，光的本性是波粒二象性。

## 8.3 1913 年，玻尔提出了量子化的原子模型

玻尔第一个将普朗克的量子概念应用到卢瑟福的原子有核模型中，提出了两条基本假设：

(1) 稳定性假设。氢原子只能处于一些不连续的稳定状态，这些稳定状态简称为定态。电子只能在确定的分立轨道上运行，此时，并不辐射或吸收能量。

(2) 跃迁假设。玻尔吸收了爱因斯坦的思想，当一个原子从一个能量为 $E_i$ 的定态跃迁到能量为 $E_j$ 的定态时，就产生光的辐射或吸收，辐射频率 $\nu$ 与跃迁前后两个定态的能量之间的关系由下式决定：$|E_i-E_j|=h\nu$。

从一个定态到另一个定态的变化叫作跃迁。由于跃迁轨

道的能量是量子化的，所以辐射或吸收光子的能量也是量子化的，所对应光子的频率也是量子化的，原子光谱的谱线是分离的而不是连续的。玻尔据此对氢原子光谱的波长分布规律作出圆满的解释。后来，玻尔的假设都得到实验证实。

玻尔用量子概念修改并完善了卢瑟福提出的原子"太阳系"模型，成功地解释了许多物理和化学现象，促进了以后的原子能研究。我们现在已经知道原子核的体积还不到原子体积的一万亿分之一，但它却占据整个原子质量的 99.5%以上。也就是说，它本身的密度实在是大。如果设想一粒蚕豆全部以原子核组成，那么它的质量就会达到 1 亿吨！你绝不可能用手去拈得动这粒蚕豆，因为通常运输 1 亿吨的物质，就需要用能绕赤道一周的列车来装呢！

## 8.4 1924 年，德布罗意提出了物质波理论

德布罗意受爱因斯坦思维方式的启迪，认识到"爱因斯坦的光的波粒二象性乃是遍及整个物理世界的一种绝对普遍现象"，并勇敢地发展了爱因斯坦的思想，提出了一个更加大胆的思想：光波是粒子，那么粒子是不是波呢？也就是说光的波粒二象性是不是可以推广到一切实物粒子(如原子、电子等)呢？他应用相对论和量子论，简洁而巧妙地导出了粒子动

量 $p$ 与伴随着的波的波长 $\lambda$ 之间的关系式为 $\lambda=h/p$。

这就是著名的德布罗意关系式。由此关系式可见粒子动量 $p$ 越小，波长 $\lambda$ 就越长，所以在电子、原子体系中，即微观世界中，粒子的波动性就会显示出来。由此，德布罗意预言电子在运行的时候，同时伴随着一个波。

什么？电子居然是一个波？这未免让人感到不可思议。当时在科学界激起轩然大波，在大自然的景象中竟然出现了一种意想不到的东西——“物质波”。后来，戴维逊等人在做电子衍射实验时证实了电子像光子一样具有波的特征。

20 世纪 30 年代以后，实验进一步发现，不仅电子，而且中子、质子和中性原子都有衍射现象，也就是都有波动性，它们的波长也都可以用德布罗意关系式来决定，从而进一步证实了德布罗意物质波的普适性。

既然德布罗意物质波具有适普性，这就意味着所有物质都具有波粒二象性。难道篮球、汽车、计算机、人……都有波粒二象性？是的，都有，只是我们宏观物质的波长实在太小了，小到我们也永远不会观察到自身的波动性。也幸而如此，我们走路才能稳稳当当，而不是像醉汉一样摇摇晃晃找不着北。

各位读者，容作者在这里说明一下德布罗意提出电子是波有什么实际价值呢？我们平常之所以能看到东西是靠光，那是由于光作用于物体，再由物体反射到我们眼里。光学显微镜显示物体微小细部的能力，以所使用光波长短的程度而决定。放大能力最强的光学显微镜使用波长最短的紫外线光。好了，现在德布罗意证明电子和光一样也是波，而电子的波长比紫外线光要短几千倍，何不用它来代替光显示物体呢？果然，人们把电子集中到一个焦点上，射过物体，便在荧光屏上得到一个放大的图像。1932 年世界上第一架电子显微镜问世。1938 年美国人制造了一架能放大 3 万倍的电子显微镜，而当时最大的光学显微镜也只能放大 2500 倍，现在人们使用的电子显微镜已经能放大到 20 万倍以上了，为我们打开了微观世界的大门。

## 8.5 1925 年，海森堡提出了矩阵力学

矩阵力学是量子力学的第一个版本。它的出发点是针对玻尔的原子结构模型中许多物理量都是一些不可以直接观测的量。反之，海森堡要用可以观测的量来描述原子系统。海森堡认为玻尔模型中电子的“能级”或“频率”，有谁曾经观察到这些物理量吗？没有，我们唯一可以观察的只有电子在能级之间跃迁时的“能级差”。既然单独的能级 $x$ 无法观察，只

有能级差可以，那么，频率必然要表示为两个能级 $x$ 和 $y$ 的函数。我们用傅里叶级数展开的话，不再是 $n\nu_x$，而必须写成 $n\nu_{x,y}$。可是，$\nu_{x,y}$是什么东西呢？它竟然有两个坐标，这是一张二维的表格。突然之间，matrix（矩阵）这个怪物在我们面前展开了。像一张无边无际的网，把整个时间和空间都网罗在其中。

海森堡的表格和玻尔的模型不同，它没有做任何假设和推论，不包括任何不可观测的数据。但作为代价，它采纳了一种二维的庞大结构，每个数据都要用横坐标和纵坐标两个变量来表示。正如我们不能用 $\nu_x$，而必须用 $\nu_{x,y}$ 来表示频率一样。

更关键的是，海森堡认为所有的物理规则，也要按照这种表格来改写，沿着这条奇特的表格式道路去探索物理学的未来。而且，他很快就获得了成功：事实上，只要把矩阵的规则运用到经典的动力学公式里去，把玻尔旧的量子条件改造成新的由坚实的矩阵砖块构造起来的方程，海森堡可以自然地推导出量子化的原子能级和辐射频率，而且这一切都可以顺理成章从方程本身解出，不再需要像玻尔模型那样强行附加一个不自然的量子条件。海森堡的表格的确管用！数学解释一切，我们的假想是靠不住的。

虽然，这种古怪的不遵守交换率的矩阵乘法（Ⅰ×Ⅱ≠

Ⅱ×Ⅰ)到底意味着什么,当时对所有人来说都是一个谜题,但量子力学的基本形式却在公众面前首次亮相。

## 8.6　1926年,薛定谔提出了波动力学

1926年薛定谔在瑞士苏黎世大学任教授,有人建议他把德布罗意的物质波假设拿到学生中去讨论,他很不以为然,只是出于礼貌才勉强答应下来。可是当他为讨论准备报告时,立即被德布罗意的思想吸引住了。现在我们又要看到科学史上一次惊人的相似。薛定谔的特长是数学很好,于是他就像牛顿总结伽利略、开普勒的成果,麦克斯韦总结法拉第的成果一样,立即用数学公式将德布罗意的假设又提高了一个层次。

虽然,德布罗意提出:"光有波粒二象性,一切物质粒子也有波粒二象性,电子也不例外。"但是,德布罗意并没有告诉大家物质波应该满足什么样的运动方程,这种波如何随时间变化,电子的波动性和粒子性又是如何完美地统一起来,等等。当时,一位在苏黎世高等工业学校任教的著名化学家德拜尖锐地指出:"有了波,就应该有个波动方程。"在德拜的启示下,薛定谔下功夫研究这个问题,仅花了两个月的时间,于1926年1月完成了波动方程的建立,这就是著名的"薛定谔

方程”——量子力学的第二种形式。这是一个二阶线性偏微分方程，它一公布立即震惊了物理界。

薛定谔方程就像牛顿方程解释宏观世界一样，能准确地解释微观世界，它清楚地证明原子的能量是量子化的；电子运动在多条轨道上，跃迁轨道时就以光的形式放出或吸收能量；电子在原子核外运动有着确定的角度分布。这样，薛定谔用数学形式开辟出一个量子力学新体系。

海森堡从不连续性出发用线性代数(矩阵)形式研究量子力学，而薛定谔沿着另一条连续性的道路出发，用微积分形式创立了他的波动方程，从此以后，量子力学要用更抽象的概念(数学语言)作出更准确的表述了。人们很快就知道，这两种理论被数学证明是等价的。1930 年狄拉克发表了一部经典的量子力学教材《量子力学原理》，将矩阵力学和波动力学完美地统一起来，完成了量子力学的普遍结合。

## 8.7 1927 年，海森堡提出了测不准原理

1927 年海森堡发表了《关于量子论的运动学和动力学的直观内容》论文，他在论文中分析了微观粒子的位置、速度和能量轨道等基本概念之后，提出了测不准原理：在经典力学中，一个质点的位置和动量是可以同时精确测定的；而

在微观世界中，要同时精确测定粒子的位置和动量是不可能的，其精确度受到一定的限制。海森堡还给出了测不准关系式，为经典力学和量子力学的应用范围划出了明确的界限。

测不准原理又称不确定性原理，它告诉我们如果把电子速度(或动量)$p$ 测量得百分之百地准确，也就是 $\Delta p=0$，那么电子位置 $q$ 的误差 $\Delta q$ 就要变得无穷大。也就是说，假如我们了解一个电子动量 $p$ 的全部信息，那么我们就同时失去了它位置 $q$ 的所有信息。鱼和熊掌不能兼得，不管科技多么发达都一样。就像你永远造不出永动机，你也永远造不出可以同时准确探测到全部 $p$ 和 $q$ 的显微镜。

为什么会这样呢？这好比我们用一支粗大的测量海水温度的温度计去测一杯咖啡的热量，温度计一放进去，同时要吸收掉不少热量，所以我们根本无法测量杯子里原来的温度，而作为微观粒子(如原子)内的能量如此之小，任我们制成怎样精确的仪器，也会对它有所干扰。观测者及其仪器永远是被观测现象的一个不可分割的部分，一个孤立自在的物理现象是永不存在的，这便是“测不准原理”。我们生活在这个物理世界，身在此山中，难识庐山真面目。

## 8.8 1928年，狄拉克提出了相对论性的波动方程

1928年，狄拉克创造性地把狭义相对论引进量子力学，给出了描述电子运动的相对论方程，人们称为“狄拉克方程”。后来这个方程成为了相对论性量子力学的基础。量子力学与相对论的这一巧妙结合，得到一些意想不到的重要结果。首先，在狄拉克方程中推出了电子的自旋并论证了电子磁矩的存在；其次，通过求解狄拉克方程，可以预言“粒子必有其反粒子”。正电子就是电子的反粒子(带正电荷的电子是带负电荷电子的反粒子)，狄拉克并没有等太久就等到了他的正电子。1932年美国物理学家安德逊在用云室观测宇宙射线时发现了正电子，与狄拉克的预言完全相符。

狄拉克方程的提出和成功是物理学和数学高度结合的杰作。为什么一个实数开根号的时候总有一个正根，又有一个负根呢？例如4的开根号等于几？很简单是2和−2。同样，在狄拉克方程中出现了能量的平方$E^2$，这样求解电子能量$E$时就会得出两个解：一个正$E$，一个负$E$。狄拉克并没有想当然地把负能量当作不合理的结果舍去，他承认了负能量的存在。由此狄拉克预言，有个电子就有反电子，有个质子就有反

质子，有个中子就有反中子，等等。这是一个神奇的发现！

量子论的建立是人类理性思维与科学发展的一个高峰。英国杂志《物理学世界》在 100 位著名物理学家中选出 10 位最伟大人物中就包含了本书所提到的 6 位物理学家，他们是爱因斯坦（排名第一）、玻尔（排名第四）、海森堡（排名第五）以及排名第八、九、十的狄拉克、薛定谔和卢瑟福。这足以说明 20 世纪量子论的创立和发展在物理学中所占的重要地位。

人类社会的进步都是走在基础科学发现的大道上。量子论是 20 世纪最伟大的科学发现之一，它的创立与发展已经并将继续引发一系列划时代的技术创新，其中量子信息技术、量子计算技术和量子通信技术具有巨大的潜在应用价值和重大的科学意义，正引起国际社会的密切关注。

# 9 20世纪的一场科学争论

20世纪物理学史上发生了一场最激烈、影响最大、意义最深远的争论——玻尔—爱因斯坦之争。两位最伟大的物理巨擘就量子物理中的随机性即不确定性问题展开“华山论剑”，其中有过这样一段经典的对白：

**爱因斯坦：“玻尔，亲爱的上帝不掷骰子！”**

**玻尔：“爱因斯坦，别去指挥上帝应该怎么做！”**

玻尔，还有波恩、海森堡、泡利，同属哥本哈根学派；站在他们反面的除了爱因斯坦，还有薛定谔和德布罗意。他们都是物理大师，同量子论的创立者普朗克和量子力学的集大成者狄拉克一样，因其各自对量子物理的杰出贡献而先后荣膺诺贝尔物理学奖。

其实，科学的争论是科学发展的动力，它使科学理论日趋完善和缜密。

前面讨论过，德布罗意的“物质波”是一种概率波，但在当时，微观粒子运动服从统计规律的观念遭到一些科学家的反对，其中爱因斯坦就是一个代表人物。正当波恩在为自己所提出的波函数的统计解释得到大家肯定而高兴时，于 1926 年底收到了爱因斯坦给他的一封简短但令他痛心的信。爱因斯坦在信中写道："无论如何我坚信，上帝是不会掷骰子的。"在爱因斯坦看来："非决定论完全是一个不合逻辑的概念……属于量子力学的非决定论是主观的非决定论。"也就是在自然界从根本上说不应该存在概率性，而应服从因果律。牛顿的决定论闪耀着神圣不可侵犯的光辉，从诞生的那一时刻起便有着一种天上地下唯我独尊的气魄。而量子论天生有着救世主的气质，它一出世就像闪电划破夜空，并摧枯拉朽般地打破旧世界的体系。

1927 年 10 月在几乎所有主要的量子物理学家都出席的第五届索尔维国际物理学讨论会上（见图 17），爱因斯坦又直言不讳地说："上帝是不会玩掷骰子游戏的。"从这次会议开始，一场围绕量子物理的基本规律以及量子力学理论的完备性的著名论战打响了，一方以爱因斯坦为代表，另一方是以玻尔为代表的哥本哈根学派。哥本哈根学派主张量子物理的基本规律是统计规律，甚至认为：大自然的一切规律都是统计性的，经典因果律只是统计规律的极限。爱因斯坦等人则表示不同意，认为一个没有严格因果律的物理世界是不可想象的。物理规律应该统治一切,物理学应该简单明确:A导致了B,B导致了C,C导致了D。环环相扣,每一个事件都有来龙去脉、原因结果,而不依赖于什么“随机性”。

图17　第五届索尔维会议参加者合照

在哥本哈根学派中比较有代表性的论点是由海森堡提出的测不准原理(或不确定性原理)和几乎与此同时由玻尔提出的互补性原理。他们分别从数学和哲学角度概括了波粒二象性,是量子力学的哥本哈根学派解释的两大支柱。下面仅对互补性原理作一些简单说明。

玻尔的互补性原理源于对波粒二象性的肯定。玻尔认为:一方面,波动性和粒子性不会在同一测量中间同时出现,即波和粒子两种概念在描述微观现象时是“互补的”;另一方面，这两种概念在描述微观现象和解释实验时又都是不可缺少的，两者缺一不可，在这个意义上讲，它们又是“互补的”。玻尔在《原子论和自然的描述》一书中，总结他的互补思想时说过：“一些经典概念的应用，将不可避免地排除另一些经典概念的同时应用，而这另一些经典概念在另一种条件下又是描述现象所不可缺少的；必须而且需要这些既排斥、又互补的概念汇集在一起，才能形成对现象的详尽无遗的描写。”玻尔为了形象地解释他提出的互补原理，经常举银币和富士山的例子：他说银币有正反两面，在任何时刻，我们只能看见其中一面，不能同时看到两面；但只有当银币的正反两面都被一一看到后，才能说我们对此银币有了较完整的认识。对富士山，他描述道：“在黄昏时，山顶笼罩在云层中，山体朦胧，显示出一种雄伟庄严的景象；到了早晨，太阳出来了，山体清清楚楚，使人心旷神怡。这就是富士山的两种‘互补’景象。两种景象不能同时出现，但你若舍弃其中的一种，也就不能完全地代表富士山。”玻尔的互补原理，具有深刻的哲学思想。尽管提出开始是出于对波粒二象性的认识，促进了量子力学的发展，但后来玻尔又

图 18　玻尔和爱因斯坦

将这一原理向其他自然科学领域乃至哲学领域和人文领域作了推广，使它成为有普遍哲学意义的科学原理。

不论是不确定性原理，还是互补原理，必然导致“微观理论是统计性的”，它与经典的“决定性”观念截然不同，在第五届索尔维会议上对哥本哈根学派的代表思想是否正确展开了激烈争论，结果是哥本哈根学派的观点受到了大多数代表的赞同。停止争论吧，随机性是世界的基石，上帝真的掷骰子！

从1930年第六届索尔维会议的召开，直到1955年爱因斯坦逝世，争论的焦点逐渐转到量子力学理论的完备性上来。爱因斯坦认为：量子力学的统计性理论只是一种权宜之计，并非最终的理论。而玻尔则认为：量子力学是一种完备的理论，其数学物理基础不需作进一步的修改。虽然爱因斯坦本人曾经提出了光量子假设，在量子理论的发展历程中做出过不可磨灭的贡献，但现在却完全转向了这个新生理论的对立面。

既生爱，何生玻。两位20世纪的科学巨人，由于在哲学观点上的不同，使得两人之间的意见分歧直到最后也没能调和。但是，玻尔和爱因斯坦无论怎样争论，双方都胸怀坦荡、互相敬仰，结成了亲密的朋友。爱因斯坦称赞玻尔说：“他无疑是当代科学领域中最伟大的发现者之一。”玻尔则说：“在征服浩瀚的量子现象的斗争中，爱因斯坦是一位伟大的先驱者，但后来他却远而疑之，这是一个多么令我们伤心的悲剧啊。从此他在孤独中摸索前进，而我们则失去了一位领袖和旗手。”非常令人感动的是 1962 年 11 月 18 日玻尔去世前夕，他的工作室黑板上还画着一个 1927 年与爱因斯坦争论时，爱因斯坦设计的“光子箱”草图。此时，爱因斯坦已去世七年，玻尔仍在以这次争论激励自己，力求从爱因斯坦那儿得到更多灵感和启迪。

# 10 量子论的其他解释

量子论揭开了微观世界不可思议的现象,而使用哪种解释方法对现象进行诠释,称为“解释问题”。其中哥本哈根解释被大多数人所接受,被视为量子力学的正统(或主流)解释。不过也有人提出了一些别的解释来挑战哥本哈根解释。尽管这些解释受到很多非议,但是怀疑是科学进步的动力,了解一些不同的声音也可以开阔思路。下面将对几种解释做简要介绍。

## 10.1 隐变量解释

对经典思想的留恋使一些物理学家对哥本哈根学派的正统观念产生质疑,他们渴望回到熟悉的经典家园。20 世纪 50 年代初,玻姆终于找到一条返回经典家园的隐变量之河,他的理论再一次将人们带回到那个确定性的经典世界之中。

1952年，玻姆发表了论文《关于量子理论隐变量诠释的建议》，为量子力学建立了一个完整的隐变量模型。论文对正统观点产生怀疑，即微观粒子没有客观的实在性，只有当人们测量和观察它们时才具有确定的性质，同时他也不相信量子世界是由纯粹的概率所统治的。玻姆认为，在量子世界表面上的随机性底下可能隐藏着更深刻的原因。一种最直接的补救办法就是给波函数增加额外的隐变量，从而可以赋予系统的性质以确定值。例如，这些隐变量可以同时提供粒子任意时刻的位置和动量。

玻姆认为，在量子世界中粒子仍然是沿着一条确定的连续轨迹运动的，只不过这条轨迹不仅由通常的力决定，而且还受到一种更微妙的量子势的影响。量子势由波函数产生，它弥漫在整个宇宙中，使它每时每刻都对周围的环境了如指掌。量子势引导粒子运动，从而导致了微观粒子不同于宏观物体的奇异的运动表现。通俗地讲，这有些类似于雷达波引导轮船的情况，雷达从周围的环境收集信息，然后指引轮船航行，但轮船航行的动力则来自它本身的发动机。

在玻姆的隐变量理论中，粒子与波函数同时存在，其中波函数被看作是一种势场，满足连续的薛定谔方程，并且从不坍缩，而粒子则由波函数引导进行连续运动，同时具有确定的位置与速度。因此，玻姆的隐变量理论第一次真正打破哥本哈根学派的清规戒律，并让人们看到量子现象背后的微观实在是可以存在的。可以说，玻姆理论巧妙地综合了爱因斯坦和玻尔的思想，一方面，它保留了爱因斯坦所坚持的实在性、因果性和决定论，这体现在粒子的客观存在和它的连续运动的轨迹上；另一方面，它又保留了玻尔的整体思想，这体现在作为势场的波函数和它所产生的量子势上。当然，玻姆隐变量理论也不可避免地舍弃他们两人所珍爱的一些东西，如爱因斯坦所坚持的定域性和玻尔所强调的非连续性。

玻姆理论深深吸引了一位在欧洲高能物理实验室工作的物理学家贝尔，正是由于贝尔深信隐变量的存在，他才决心对隐变量进行深入的探寻，并因此发现了被人称为"科学中最深远的发现"的贝尔不等式，这对于贝尔来说却是事与愿违，它让量子巨轮离开隐变量的经典之岸越来越远。贝尔不等式告诉我们任何与量子力学具有相同预测的理论将不可避免地具有非定域性特性。具体地说，量子力学预言在相互纠缠的微观粒子（如电子、光子等）之间存在某种非定域关联，如果我们对其中的一个粒子进行测量，另一个粒子将会瞬时地感应到这种影响，并发生相应的状态变化，无论它们相距多远。

美妙的贝尔不等式首次清晰地揭示了量子世界的神奇特性——非定域性，并使人们第一次有可能通过实验来直接验证这种量子非定域性的存在。至今，人们已进行了大量实验来证明贝尔不等式，其中最具代表性的是法国物理学家阿斯派克特等人于1982年所做的实验，这些实验的结果再次证实了定域的隐变量是不存在的。换句话说，我们的世界不可能如同爱因斯坦所梦想的那样，既是定域的（没有超光速的传播），又是实在的（存在一个客观确实的世界，可以为隐变量所描述）。定域实在性从我们的宇宙中被实验排出去了！

今天，尽管大多数物理学家都不愿沿着玻姆所提出的隐变量理论返回昔日的经典家园，甚至可以说已经证明了该理论是错误的，即便如此，作者还是把这个理论写了出来，以表明量子现象是多么微妙，多么不可捉摸，而量子探险之路又多么艰辛。然而，物理学家总是不愿服输，他们不惜付出一切代价进入令人迷幻的量子世界。

## 10.2 多世界解释

1957年，美国普林斯顿大学的研究生艾佛雷特完成了博士论文《平行宇宙论》。在论文中他首先提出，如果将量子论作为自然界的基本原理，那么这个原理就不能只适用于微观世界，由微观物质构成的宏观世界中的一切物质，即整个宇宙，都应该适用于这一理论。宇宙是在140亿年前由极小的一个点（称为奇点）产生的：奇点发生了大爆炸，之后经过不断地膨胀，形成了今天的宇宙。奇点处于没有任何物质（而且既没有时间也没有空间）的状态，从奇点产生了无数的微粒，形成了构成星体或人类身体的物质。

如果将量子论应用到宇宙的历史中会怎样呢？由于奇点处于没有任何物质的真空状态，因此是否能够产生光子等微粒，在量子论上就属于一个概率问题。艾佛雷特认为，在这一时刻，宇宙应该分支成产生了微粒的宇宙和未产生微粒的宇宙。这种可能性的数量不断产生分支，形成众多宇宙中的一个，就是我们现在生存的宇宙。同时，还存在着一个有我存在的宇宙或没有我的宇宙等平行宇宙。于是，我们所在的世界分支成为复数的世界。

那么，让我们用多世界解释来思考一下"薛定谔猫"的问题。前面我们已经讨论过，将猫放入一个存有放射性物质的箱子之中，经过 1 小时，放射性物质引起原子核衰变的概率为 50%，这时不知不觉中，在箱子外的观测者的世界分支为两个。一个是观测者所在的世界中，箱子中的放射物质引起原子核衰变，因此释放出毒气，杀死了猫；而另一个则是观测者所在的世界中，箱子中的放射性物质没有引起原子核衰变。因此没有释放出毒气，猫活了下来。于是，第一个世界中的观测者打开箱子，发现猫已经死了；而第二个世界中的观测者打开箱子，发现猫还活着。就这么简单。所谓半生半死的猫、波函数坍缩何时发生、微观和宏观的边界在何处等问题一概不会存在，任何地方都不存在悖论。

多世界解释的最大优点，就是不使用薛定谔方程无法导出的“波函数的坍缩”这一假设。当然还存这样的疑问，即猫活着的世界和猫死掉的世界真的并行存在吗？这是多世界解释没有弄清楚的问题。

实际上，从多世界理论很容易推出一个怪论：一个人永远不会死去！在死和活的不断分裂中，总有一个分支是活的，所以人总在某个世界中活着。这个怪论被美其名曰“量子永生”。从此看来，战场上士兵也不必害怕敌人的子弹了，即使在这个世界中弹了，在另一个世界却不会中弹，还会继续活下去。怎么感觉越来越像神学了？

多世界解释否定了一个单独的经典世界的存在，而认为实在是一种包含很多世界的实在，它的演化是严格决定论的。然而，有一个问题却使多世界信奉者苦恼：为什么我们只能感知到确定的经典世界，而没有感知到其他的叠加态平行世界呢？此外，正如正统哥本哈根解释不能告诉我们波函数为什么，以及何时发生坍缩一样，多世界解释也不能告诉我们宇宙为什么，以及何时会发生分裂。而多世界只不过用宇宙分裂来代替波函数坍缩而已，它仍然未解决（测量）问题。关于波函数坍缩问题，至今仍是困扰人类的量子谜题。要知道，它已难倒了 20 世纪的所有伟大人物。

## 10.3 退相干解释

何为退相干过程？简单讲，它就是消除量子系统的相干性。设被测系统 S 的状态为 $|\psi\rangle = a|\psi_1\rangle + b|\psi_2\rangle$，其密度矩阵为

$$\rho = |\psi\rangle\langle\psi| = |a|^2 |\psi_1\rangle\langle\psi_1| + |b|^2 |\psi_2\rangle\langle\psi_2| + ab^* |\psi_1\rangle\langle\psi_2| + a^* b |\psi_2\rangle\langle\psi_2|$$

$\rho$ 表达式右边的前面两项为对角项：

$$\rho_d = |a|^2 |\psi_1\rangle\langle\psi_1| + |b|^2 |\psi_2\rangle\langle\psi_2|$$

$\rho$ 表达式右边的后面两项为非对角项：

$$\rho_{nd} = ab^* |\psi_1\rangle\langle\psi_2| + a^* b |\psi_2\rangle\langle\psi_1|$$

在密度矩阵 $\rho$ 的表达式中，对角项表示经典关联；非对角项表示相干。退相干过程就是使密度矩阵 $\rho$ 的非对角项消失，仅有对角项存在，也就是使原系统 S 所具有的相干性消失掉，而仅有经典关联存在。

在实际的物理模式中，有许多的相干模式，但基本思想没有变，即借助环境使被测系统与测量仪器的相干性消除掉。

我们知道，被测系统与测量仪器所构成的相干叠加态，只有在与世隔绝的情况下才能够一直维持下去。然而事实上，

除了宇宙本身之外，每个真实系统，不论是量子的或是经典的，都与外部环境密切联系，是开放的系统，而不是孤立的封闭系统。外部环境可以是分子、原子，也可以是光子。它们就像一个个“观测者”，不断和处于量子叠加态的系统发生耦合作用。这种不可避免的耦合作用，会导致系统的相位关联不可逆地消失，从而破坏系统的量子叠加性，促使系统的波函数坍缩到某个确定的经典态。

简单来说，一个与环境隔绝的量子系统处于纯态的叠加态，但它一旦接触外部环境，它与环境的相互作用就将破坏它的叠加态，这就是环境使系统发生退相干。

我们以电子双缝干涉实验为例，一个电子的状态是穿过缝 A 和穿过缝 B 两种状态的叠加态，如果没有观测仪器，屏幕上会出现干涉条纹，但一旦进行观测，在光子的作用下电子的叠加态会退相干，于是我们就会测量到一个落点，这就解释了波函数为什么会坍缩。因此，退相干理论以一种新的视角审视量子测量难题，这一点是使得该理论受到部分物理学家追捧的原因。

但是退相干理论并没有从根本解决测量问题，它可以说明为什么特定的对象在受到观测时会表现为经典的测量结果，但不能说明它是如何从众多的可能结果转变为一个特定的结果的。换言之，退相干理论并不能取代观测使得用“波函数坍缩"的假设来解决测量问题,它本身无法说明为何一次特定的测量会得到某个特定的结果而不是另一个。可以说,退相干解释是波函数坍缩解释的现代扩展版本。

## 10.4 GRW 解释

1986 年 7 月,三位意大利物理学家吉拉迪、瑞米尼和韦伯在《物理评论》杂志上发表了一篇论文,题为《微观和宏观系统的统一动力学》,从而开创了以他们的姓名首字母为名的 GRW 理论。

GRW 理论提出了一种新的动态坍缩模型,其主要假定是,任何系统,不管是微观还是宏观的,都不可能在严格意义上孤立,也就是和外界毫不相干。它们总是和环境发生着种种交流,为一些随机的过程所影响。这些随机的物理过程所产生的微小扰动,会导致系统从一个不确定的叠加状态变为在空间中比较精确的定域状态,也就是说,波函数坍缩是一种自发的从叠加态变为定域态的过程。

GRW 解释虽然是完全基于随机过程的,避免了"观测者"的出现,但它并没有解释波函数坍缩的基本难题,也就是坍缩本身的机制是什么。他们所建立的只是一种有趣的数学模型。因此,GRW 解释没有得到大多数物理学家的支持,也未成为量子论的主流。

## 10.5 求助意识的解释

波函数坍缩属于正统哥本哈根解释：每当我们一观测时，系统的波函数就坍缩了，按概率跳出来一个确定性的实际结果，如果不观测，那它就按照薛定谔波动方程严格发展。这两种迥然不同的过程，后者是连续的，在数学上是可逆的，完全确定的，而前者却是一个“坍缩”，它随机，不可逆，至今也不清楚内在的机制究竟是什么。这两种过程是如何转换的？是什么触动了波函数这种激烈的变化？是观测吗？那么，什么样的行为算是一次“观测”？都没有一个精确的定义。因此，对于波函数坍缩的解释历来是科学家们争论的焦点。

1932 年，计算机之父冯·诺依曼出版了经典的量子力学教材《量子力学的数学基础》，书中明确地给出了波函数坍缩这个概念，并且认为导致波函数坍缩的可能原因是观察者的意识。诺依曼认为，量子理论不仅适用于微观粒子，也适用于测量仪器。于是，当我们用仪器去“观测”的时候，这也会把仪器本身卷入这个模糊叠加态中间去。假如我们再用仪器 B 去测量仪器 A，好，现在仪器 A 的波函数又坍缩了，它的状态变成确定。可是仪器 B 又陷入模糊不定中……总而言之，当我们用仪器去测量仪器,整个链条的最后一台仪器总是处在不确定状态中,这叫做“无限复归”。从另一个角度看,假如我们把测量的仪器也加入整个系统中,这个大系统的波函数从未彻底坍缩过!

可是,当我们看到仪器报告的结果后,这个过程就结束了。我们自己不会处于什么模糊叠加态中去。奇怪,为什么用仪器来测量就得叠加,而人来观察就得到确定结果呢?诺依曼认为人类意识的参与才是波函数坍缩的原因。

然而,究竟什么才是“意识”?它独立于物质吗?它服从物理定律吗?这带来的问题比我们的波函数本身还要多得多,这是一个得不偿失的解释。

后来,维格纳于20世纪60年代再次发展意识论,并提出一个称为“维格纳的朋友”的悖论来论证意识论导致波函数坍缩的合理性。他认为有意识的生物在量子力学中的作用一定与无生命的测量装置不同。维格纳进一步建议,考虑到意识对波函数的特殊作用,量子力学中的线性薛定谔波动方程必须用非线性方程来代替。然而,大多数物理学家并不相信维格纳找到了波函数坍缩的客观原因。

到此为止,作者已经带领大家去探索了哥本哈根、隐变量、多世界、退相干、GRW、意识论等大部分先人走过的道路。但是,量子论的道路仍未走到尽头,人们还在为如何“解释”而争吵不休，这在物理史上可是前所未有的事情！想想牛顿力学，想想相对论，从来没有人为了如何“解释”它们而操心过，这更加凸显了量子论的神奇。要知道，量子论所描述的物质观、自然观、世界观始终与我们的常识相去甚远。这正是量子论吸引人的魅力所在。

# 11 量子信息

## 11.1 经典信息的含义

大家知道,火车传输的是旅客或货物,高压电网传输的是电能,那么通信系统传输的是什么?是物质实体吗?不是!摄像机前面的演员并没有被运送到电视机前面和观众见面,维纳说:“从线路的一端到另一端不需要任何物质(实体)的运动。”通信系统传输的是能量吗?也不是!我们说,传输的是信息(information),它是我们认识世界的第三要素。维纳说:“信息就是信息,不是物质也不是能量。”

信息与物质、能量到底有何区别与联系呢?一般来说,信息的传输不遵守守恒原理。一个老师一辈子将他的知识(信息的一种形式)传播出去,广为学生所知,但他并不因此损失了信息。当然信息与物质和能量是有关系的,信息需要物质作为它的载体;它的传输需要消耗一定能量。

信息概念具有丰富的内涵，现代科学认为信息是事先发出的消息、情报、指令、数据、符号等所包含的内容。人们通过获取、识别自然界和人类社会的不同信息来区分不同事物，得以认识和改造世界。1948年，申农在《通信的数学理论》中提出了信息被认为是“不确定性的减少”。例如，如果有人来广州找他的弟弟，而不知道他弟弟的地址，于是就有许多可能的情况，可能在工厂当工人，也可能在大学读书，可能在中山大学，也可能在华南理工大学……他处于一种疑惑不定的状态。当有人告诉他，他弟弟在中山大学时，他获得了信息，减少了某种不确定性。当然他仍有不确定性，当人们再告诉他，他弟弟在中山大学管理学院时，他又获得了信息，进一步减小了不确定性。既然信息被认为是“不确定性的减少”，那么信息如何度量呢？在申农创立信息论之前，人们认为信息是无法定量描述的，比如一条消息，一篇文章，一幅绘画或者一段音乐，谁也不敢告诉我们它们包含的信息量是多少。在信息论中申农定义：一条消息的信息量是该消息所表述事件发生概率的对数的负值。记为

$$I(x_i)=-\log p(x_i)$$

式中 $x_i$ 表示事件，$p(x_i)$是事件 $x_i$ 发生的概率。通常取对数底为2，给出信息量的单位为比特(bit)。

由上述信息量的定义，可以作出以下几点推论：

(1) 如果一条消息所描述的事件必然发生，即发生概率 $p(x_i)=1$，由上式可知 $I=0$。例如，有人告诉你“明天太阳将从东方升起”，这条消息的信息量当然是零。

(2) 对完全不可能发生的事件，即 $p(x_i)=0$，这时上式变得无意义，在信息论中规定这种情况下的信息量 $I=0$。作这种规定显然也是合理的，比如消息说“明天太阳将从西方升起”，这条消息的信息量当然应当是零。

(3) 由于任何事件发生的概率 $0\leqslant p(x_i)\leqslant 1$，所以 $I\geqslant 0$，即信息量是非负的。

例如，一个二值系统(0,1)，若取二值之一的概率是 $\frac{1}{2}$，给出这个系统取值是0或1的信息量为

$$I=-\log\left(\frac{1}{2}\right)=1(\text{bit})$$

1 bit(比值)就是含有两个独立的，等概率可能状态的事件所具有的不确定性被清除时所需要的信息量。

可见，要使一个系统从不确定性(或无序)走向有序就要有信息，而信息的丧失则意味着不确定程度的增加。因此，信息对于揭示事物的组织结构程度、研究物质和能量的时空分布不均匀程度，以及实现人、财、物等要素的良性循环，达到管理目标和优化管理效果等都具有特别重要的意义。

申农用信息论将世界的不确定性与信息联系起来，告诉

我们要“用不确定性的眼光看待世界，再用信息来清除这种不确定性。”今天，人类解决智能问题，就是将问题转化为清除不确定性问题，而大数据则是解决不确定性问题的良药。这是因为机器获得智能的方式和人类不同，它不是靠逻辑推理，而是靠大数据和智能算法。

## 11.2 量子信息的含义

在经典信息中，信息的基本单元是比特(bit)。经典比特只有一个是 0 或 1 的状态。一个比特是给出经典二值系统一个取值的信息。从物理角度来讲，比特是一个两态系统，它可以制备为两个可识别状态中的一个，例如，是或非，真或假，0 或 1 等。在数字计算机中电容器平板之间的电压可表示经典信息比特，有电荷代表 1，无电荷代表 0。经典信息可以用经典物理学进行描述，不需要量子力学描述。

量子力学用量子态来描述粒子或系统所处的状态。事实上，量子世界的千奇百怪的特性正是起源于这个量子态。在量子信息中，采用这个奇妙的量子态作为基本信息单元，称为量子比特(qubit)。一个量子比特是一个双态系统，且是两个线性独立的态。常用狄拉克符号记为：$|0\rangle$和$|1\rangle$。比如，我们采用光子的偏振来表示，规定光子水平偏振为$|0\rangle$，垂直偏

振为$|1\rangle$。

量子比特是两种态的线性叠加，记为$|\varphi\rangle=a|1\rangle+b|0\rangle$，其中，$a$，$b$分别代表粒子处于两种态的概率振幅。如此一来，这样的一个 qubit 不仅可以表示单独的“0”和“1”（$a=0$时，只有“0”态，$b=0$时，只有“1”态），而且可以同时表示“0”，又表示“1”（$a$，$b$都不为0时）。

由此可见，量子比特可以处于$|0\rangle$，$|1\rangle$之间的连续状态之中，直到它被观测。当量子比特被观测，只能得到非“0”即“1”的测量结果，每个结果有一定概率。

量子比特的物理载体是任何两态的量子系统，如光子、电子、原子核等。一旦用量子态来表示信息便实现了信息的“量子化”，于是有关量子信息的所有问题都必须采用量子力学来处理。信息的演化遵从薛定谔波动方程，信息传输就是量子态在量子通道中的传送，信息处理是量子态幺正变换，信息提取便是对量子系统实行测量。

量子信息可以看作是微观物质的属性。处于量子相干长度之内的微观物质都可以成为量子信源，产生量子信息。量子信息的产生要以微观物质的运动作为前提。任何微观物质的量子运动都会有量子信息产生。经典信息不能产生量子信息。人的意识也不能产生量子信息。量子信息只能存在于量子系统之中，而不能存在于一般性的日常社会生活中。人类社会的生活自身不能产生量子信息，因为人是宏观的，宏观的人不能产生量子关联。这是因为量子信息产生的物理基础是处于量子相干长度之内的微观物质或微观事物。从哲学来讲，量子信息将信息从经典领域拓展到量子领域，丰富了信息的含义。

国际著名的量子信息权威 Bennett 于 2000 年在《自然》杂志上发表一篇评述性文章，他精辟地指出：从经典信息到量子信息的推广，就像从实数到复数的推广一样。

## 11.3　量子信息与经典信息的联系与区别

我们对量子信息与经典信息进行比较，两者既有联系又有区别。它们之间的联系主要表现在：

(1) 量子信息与经典信息都需要有物质作为载体才能进行传递。就如经典物理学与量子物理学的联系一样，经典信息可以归结为量子信息的特殊情形，如同实数可以归结为复数的特殊情形。

(2) 量子信息与经典信息都是描述信息的不同层面，是相互联系的。量子信息与经典信息是相互补充、相互统一的。量子信息的传递与接收都不能离开经典信息，量子信息必须要有经典信息作为辅助手段。尽管量子信息通过量子纠缠表现出超光速、非定域的特点，但是，量子信息的传递和提取则不可能超过光速，因为量子信息必须有经典通信信道作为补充，而经典信息的传递速度不可能超过光速。可见，量子信息与经典信息统一在信息的传递过程中。

(3) 从信息的最基本的载体来看，两者都需要一个两态物理系统来作为载体。经典信息由两态的经典物理系统来表达，而量子信息则由两态的量子系统来实现。

(4) 从信息的传递通道来看，经典信息与量子信息都必须有经典通道才能完成经典或量子信息的传递。

尽管量子信息与经典信息是相互联系的，但它们之间有着本质区别。具体表现在以下方面：

(1) 两者依据的物理学基础不一样。经典信息处理依据经典物理学，而量子信息处理依据量子力学。经典信息属于经典物理范围，而量子信息属于量子力学的微观范围。

(2) 经典信息不具有相干性和纠缠性，而量子信息具有相干性和纠缠性。量子相干性在各种量子信息过程中都起着至关重要的作用，但是，因为环境的影响，量子相干性将不可避免地随时间指数衰减，这就是量子消相干效应。而经典信息则没有。消相干性效应表明，量子信息受环境的影响很大。

(3) 经典信息可以完全克隆，而量子信息不可克隆。1982 年，Wootters 和 Zurek 在《自然》杂志上提出了量子不可克隆定理的最初表述：是否存在一种物理过程，实现对一个未知量子态的精确复制，使得每个复制态与初始量子态完全相同？该文证明，量子力学的线性特性禁止这样的复制。

经典信息完全可以克隆，而量子信息不可克隆。所谓量子克隆是指原来的量子态不被改变，而在另一个系统中产生一个完全相同的量子态。克隆不同于量子态的传输。量子态传输是指量子态从原来的系统中消灭，而在另一个系统中出现。量子不可克隆是指两个不同的非正交量子态，不存在一个物理过程将这两个量子态完全复制。如果可以准确地复制量子态，即存在着许多完全相同的量子态，我们就可以同时准确测量共轭量（如坐标与动量等），这就与量子力学的测不准原理相矛盾。

(4) 经典信息可以完全删除，而量子信息不可以完全删除。已有学者证明，任何未知的量子态的完全删除是不可能的。显然，这是量子信息不同于经典信息的重要特征。这或许意味着，经典信息的客观性程度没有量子信息的客观性程度高。这一性质表明了量子信息不同于经典信息的重要特征：经典信息可以被创造和消灭，而量子信息可以被创造，但不能被完全消灭。

# 12 量子计算

量子力学的创立为超级强大的量子计算机问世，在理论上消除了不可跨越的障碍，但在技术上要造出有实际价值的量子计算机，还有一段路程要走，让我们拭目以待。

## 12.1 量子计算概述

对于经典计算机来说，它处理的是二进制码信息，1个比特(bit)是信息的最小单位：它要么是0，要么是1，对应于电路的开或关。假如一台计算机读入了10个bit的信息，那么相当于说它读入了一个10位的2进制数（比如说1010101010），这个数的每一位都是一个确定的0或者1。

接下来就让我们进入神奇的量子世界。一个bit是信息流中的最小单位，这看起来正如一个量子！我们回忆一下前面的论述，量子理论最叫人困惑的是什么呢？是不确定性。

我们无法肯定地指出一个电子究竟在哪里，我们不知道它是通过了左缝还是右缝，我们不知道薛定谔的猫是死了还是活着。根据量子理论的基本方程，所有的可能性都是线性叠加在一起的。电子同时通过了左和右两条缝，薛定谔的猫同时活着和死了。只有当实际观测它的时候，上帝才随机地掷一下骰子，告诉我们一个确定的结果。

大家不要忘记，我们的电脑也是由微观的原子组成的，它当然也服从量子定律。假如我们的信息由一个电子来传输，我们规定，当一个电子是“左旋”的时候，它代表了 0，当它是“右旋”的时候，则代表 1。现在问题来了，当我们的电子到达时，它是处于量子叠加态的。这岂不是说，它同时代表了 0 和 1？

这就对了，在我们的量子计算机里，一个 bit 不仅只有 0 或者 1 的可能性，它更可以表示一个 0 和 1 的叠加。一个“比特”可以同时记录 0 和 1，我们把它称作一个“量子比特”(qubit)。假如我们的量子计算机读入了一个 10 个 qubit 的信息，所得到的就不仅仅是一个 10 位的二进制数了。事实上，因为每个 bit 都处在 0 和 1 的叠加态，我们的量子计算机所处理的是 $2^{10}$ 个 10 位数的叠加。

换句话说，同样是读入 10bit 的信息，经典计算机只能处理 1 个 10 位的二进制数，而如果是量子计算机，则可以同时

处理 $2^{10}$ 个这样的数。显而易见，量子计算机执行的是一种并行计算。正如我们前面举的例子，当一个 10bit 的信息被处理时，量子计算机实际上操作了 $2^{10}$ 个态。

对于一个 $n$ 个 bit 的经典存储器，则它只能存储 $2^n$ 个可能的数据当中的任意一个。若它是 $n$ 个 bit 的量子存储器，则它可以同时存储 $2^n$ 个数据。由此可见，量子计算机对 $n$ 个 bit 量子存储器实行一次操作，即同时对所存储的 $2^n$ 个数据进行数学运算，等效于传统计算机重复实施 $2^n$ 次操作，或者等效于采用 $2^n$ 个不同的处理器进行并行操作。随着 $n$ 的增加，量子存储器存储数据的能力将指数上升。比如我们要分解一个 250 位的数字，如果用传统计算机的话，就算我们利用最有效的算法，把全世界所有的计算机都联网到一起联合工作，也要花上几百万年的时间。但如果用量子计算机的话，只需几分钟。

量子计算机的并行计算，就像孙悟空的分身术能变出很多小孙悟空一样，一下子化身成千千万万台计算器，同时进行运算。从经典计算机飞跃到量子计算机，整个人类的计算能力、处理大数据能力，将出现上千上万乃至上亿次的提升。

在量子计算方面，我国在国际学术界已牢牢占据了一席之地。2017 年，我国研制了全球首台光量子计算机的原型。潘建伟院士介绍，中国量子科学家计划通过三到五年的努力，实现 50 比特的相干操纵，使其计算能力在某些特定问题求解上，媲美目前最好的经典超级计算机。

## 12.2 量子计算的关键性问题

实现量子计算，必须解决三个关键性问题：一是量子算法，以提高运算速度；二是量子编码，它是进行可靠运算的保证；三是量子逻辑网络，它是作为量子计算的物理器件。

### 12.2.1 量子算法

所谓量子算法就是求解一类问题的方法。比如，计算从 1 到 100 的和，有多种方法：方法一，1＋2＋3＋…＋100 依次计算。方法二，先计算 1 到 20 之和，其次计算 21 到 40 的和……把这 5 个 20 个数的和相加就得到总和。方法三，先加 1 与 100，其次加 2 与 99，如此进行下去，也可以得到总和。显然在这些方法中，有某种方法是最节约时间和存储空间的。对于大量的数据，寻找出最优的方法就可以大量节约计算所需要的时间与空间。

目前创造出来的一些量子算法已显示出超越经典计算机的强大能力。例如，1997 年美国贝尔实验室的科学家格罗夫(Grorer)发现了一种具有广泛用途的量子搜寻算法。它适用于解决如下问题：从 $n$ 个未分类的客体中寻找出某个特定的客体。应用该算法，在一个存储全球电话号码的数据库中，检索某个人的电话号码，用“深蓝”超级计算机将花几十个月的时间，而使用量子搜索算法则只需几十分钟。

### 12.2.2 量子编码

在量子计算机概念刚提出时，有人提出“利用计算机进行复杂运算是不可能的”，其原因是：计算机运算过程中必然要遇到噪声，只要噪声使得计算机中任一运算发生一次错误，就会使最终的运算结果为假。那么，如何克服这一困难？关键在于量子编码。严格来讲，就是信道编码，通过引入冗余信息，使得一部分比特发生错误的情况下，仍有可能按照一定规则纠正这些错误，以实现无失真地传送和处理信息。例如，我们看一下最简单的经典重复码。将信号 0 编码为 000，信号 1 编码为 111，如果最多只有一个比特发生错误，假设 000 变成了 010，我们按照少数服从多数的原则，找出错误的比特（第二比特），就可以纠正错误。

量子编码和经典编码的基本思想相似，以适当方式引进信息冗余，以提高量子信息的抗干扰能力。但是，由于量子编码在纠错时需要进行量子测量从而破坏了量子相干性，量子纠错就非常困难。

1995年肖尔(Peter Shor),1996年斯特勒(Steane)各自独立地提出了两个量子纠错编码方案。他们使用了非常巧妙的办法,克服了量子编码的困难。

### 12.2.3 量子逻辑网络

实现量子计算的关键在于制备适合量子网络的物理器件体系。目前在核磁共振、超导系统等已演示了简单的量子网络。实现量子计算已不存在理论上不可跨越的障阻,但是,技术上的实现却遇到了一定的困难,有待克服。

## 12.3 量子计算的基本特点

量子计算主要具有以下的特点:

### 12.3.1 量子存储器具有巨大的存储能力

量子计算机的最基本存储单元是量子比特。一个量子比特是一个双态系统,且是两个线性独立的态。两个独立的基本量子态常用狄拉克符号记为:$|0\rangle$和$|1\rangle$。量子比特是两态量子系统的任意叠加态。比如,$|\psi\rangle = C_0|0\rangle + C_1|1\rangle$,且$|C_0|^2 + |C_1|^2 = 1$,其中系数$C_0$和$C_1$为复数。

量子寄存器就是量子比特的集合。对于$n$个比特的系

统,其中一个状态可表示为$|a\rangle=|a_{n-1}\rangle|a_{n-2}\rangle\cdots|a_1\rangle|a_0\rangle$

$$a=2^{n-1}a_{n-1}+2^{n-2}a_{n-2}+\cdots+2^1a_1+2^0a_0$$

其中 $a_i=\begin{cases}1\\0\end{cases}\quad i=(n-1),(n-2),\cdots,2,1,0$

比如,5 的二进制为 101,其量子寄存器表示的量子状态为

$|\psi\rangle=|1\rangle|0\rangle|1\rangle=|2^2\times1+2^1\times0+2^0\times1\rangle=|4+1\rangle=|5\rangle$,对于 $n$ 位量子寄存器,可以存储的基态的脚标为:$N=0,1,2,\cdots,(2^n-1)$,即有 $2^n$ 个基态。最一般的态就是希尔伯特空间中的一个矢量,为各种可能的基态乘以相应的复系数的叠加,表述为

$|\psi\rangle=\sum\limits_{N=0}^{2^n-1}C_N|N\rangle$,它描述了可存储的各种可能的、不同的态的同时存在,这是量子寄存器不同于经典寄存器的特征。

按照经典信息论,对于一个二值系统(0,1),若取二值之一的概率为 1/2,则给出这个系统的取值是 0 或 1 的信息量就是 1 比特。对于 $n$ 个二值系统,$n$ 位二进制数共有 $2^n$ 个,每个都等概率地出现,于是指定其中一个的信息量就是 $n$ 比特。换言之,一个经典比特可以制备在两个逻辑态 0 或 1 中的一个态上,而不能同时存储 0 和 1。但是,一个量子比特可以制备在两个逻辑 0 和 1 的相干叠加态,即是说,一个二进制量子

存储器可以同时存储 0 和 1 两个数。但一个经典的二进制存储器却只能存一个数：要么存 0，要么存 1。对于有 $n$ 个量子比特的量子寄存器，同一时刻存储 $2^n$ 个数的叠加态，而在经典情况下，同一时刻只能存储 $2^n$ 个数中的一个。可见，量子存储器具有巨大的存储量。

### 12.3.2 量子计算具有并行性

当我们把代表几个数的相干叠加态制备在一个量子寄存器之中，我们就可以对其进行运算。例如，设有一逻辑门 $U$ 产生以下作用：

$$U|0\rangle=\frac{1}{\sqrt{2}}(|0\rangle+|1\rangle) \qquad U|1\rangle=\frac{1}{\sqrt{2}}(|0\rangle-|1\rangle)$$

又设 3 位量子寄存器初始状态都处于 $|0\rangle$，对每一位实行量子逻辑门 $U$ 的演化，于是有

$$\begin{aligned}|\psi\rangle &= U\otimes U\otimes U|000\rangle=U|0\rangle U|0\rangle U|0\rangle \\ &=\frac{1}{\sqrt{2}}(|0\rangle+|1\rangle)\otimes\frac{1}{\sqrt{2}}(|0\rangle+|1\rangle)\otimes\frac{1}{\sqrt{2}}(|0\rangle+|1\rangle) \\ &=\frac{1}{2\sqrt{2}}(|000\rangle+|001\rangle+|010\rangle+|011\rangle+|100\rangle+|101\rangle \\ &\quad +|110\rangle+|111\rangle)\end{aligned}$$

可见，每一个量子算符操作同时变换两个量子态，而这三个量子算符是同时作用的，共得到 8 个量子态，每一个态出现的概

率都是$\left(\frac{1}{2\sqrt{2}}\right)^2=\frac{1}{8}$。$n$次操作得到2的$n$次方个数的寄存器的态。而经典运算中,$n$次操作只得到包含一个数的寄存器态。

可见,量子计算机对$n$个量子寄存器实行一次操作,即同时对所存储的$2^n$个数据进行数学运算,等效于经典计算机重复实施$2^n$次操作,或者等效于采用$2^n$个不同的处理器进行并行操作。随着$n$的增加,量子寄存器存储数据的能力将指数上升。比如,一个250量子比特的存储器可能存储的数据为$2^{250}$,比已知的宇宙的全部原子数目还要多,因此,量子计算机可大大加速经典函数的运算速度。

大数据、机器学习与人工智能,它们要充分发挥效能,其实对计算能力的需求非常巨大。但因为摩尔定律逐渐逼近极限,传统计算机计算能力的提升是很有限的,我们面临计算"瓶颈"的挑战。若能充分利用量子计算并行性的优势,加快研究量子机器学习,则可进一步优化传统机器学习(如深度学习)的效率,突破计算"瓶颈",加速人工智能的进程。量子机器学习的基本流程如图19所示。

### 12.3.3 量子算法以复杂性克服复杂性

计算复杂性可以分为时间复杂性与空间复杂性。计算复

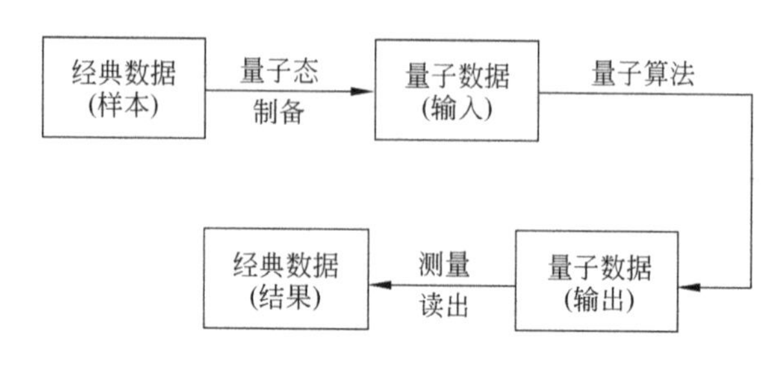


图19 量子机器学习流程

杂性是由算法复杂性决定的。

计算都有一个物理的操作运行过程,完成这一过程需要最起码的运行时间和计算空间。时间复杂性与空间复杂性的存在告诉我们,时间和空间是计算最基本的物理限制因素,计算时间与空间都是有限的,且与人类的活动的合理时间与空间尺度密切相关,如果超出这一合理时空尺度,计算就是不现实的,也是不可能的。比如,计算时间高达几年或几十年,其计算就不现实,而且还不能保证在此计算期间不出现新的问题。

为什么量子算法能克服经典算法所不能克服的某些复杂性呢?我们认为,关键在于量子计算机是一个复杂系统,量子计算所具有的复杂程度不低于求解问题的复杂程度,即以复杂性克服复杂性。当然,如果量子计算的复杂程度低于求解问题的复杂程度,那么,量子计算也无法求解问题。

数学世界是一个具有高度自主性、客观性的世界。一个问题是否有解,是由数学的客观性决定的。原来有的计算问题没有经典算法解,而现在却有量子算法解,这说明该计算问题是认识复杂性问题,而不是客观复杂性问题。经典计算的指数时间复杂性,是一个认识复杂性问题,而不是客观复杂性,其解取决于人的认识能力和人创造工具的水平。量子计算理论表明,某些经典的指数时间算法是可以转化为量子多项式时间算法,即经典时间复杂性得到克服。

从定性来看,经典算法具有有限性和离散性,经典计算机的计算是逐次计算和部分性计算,而计算问题具有无限性和整体性,因此,必然存在经典计算机无法完成的计算问题。而量子计算机是一个复杂系统,其计算具有并行性与整体性,因此,量子计算机就可能克服经典计算复杂性。

## 12.4 量子计算机

量子计算机(quantum computer)是一种遵循量子力学规律进行高速数学和逻辑运算、存储及处理量子信息的物理装置。量子计算机应用的是量子比特,可以同时处于多个状态,而不像传统计算机那样只能处于 0 或 1 的二进制状态。量子计算机以处于量子状态的原子作为中央处理器和内存,其运算速度可能比奔腾 4 芯片快 10 亿倍,可在一瞬间搜寻整个互联网信息。

基于量子计算机的强大功能和重大的战略意义，近 20 年来，相关领域的科学家纷纷投入研制工作，证实了研制出量子计算机不存在无法逾越的困难。作为量子计算机的核心部件，量子芯片的研发成为美国、日本等科技强国角逐的重中之重。过去专家普遍认为，量子计算机无法在 25 年内实现，但现在我们相信，利用新的光子芯片技术，量子计算机在 10 年之内就可能诞生。

量子计算机之所以能快速高效地并行计算，除了因为量子态叠加性之外，还因为量子相干性。相干性是指量子之间的特殊联系，利用它可以从一个或多个量子状态推出其他量子态。比如两电子发生正向碰撞，若观测到其中一个电子是向左自旋的，那么根据能量守恒定律，另一个电子必是向右自旋。这两个电子所存在的这种联系就是量子相干性。若某串量子比特是彼此相干的，则可把此串量子比特视为协同运行的同一整体，对其中某一比特的处理就会影响到其他比特的运行状态，正所谓牵一发而动全身。量子计算机之所以能快速、高效地运算就缘于此。

总之，量子计算机对经典计算机作了极大的扩充，经典计算机是一类特殊的量子计算机。量子计算机最本质的特征为量子叠加性和量子相干性。量子计算机对每一个叠加分量实现的变换相当于一种经典计算，所有这些经典计算同时完成，并按一定概率将振幅叠加起来，给出量子计算机的输出结果，这种计算称为量子并行计算。

在量子计算机中，量子比特不是一个孤立的系统，它会与外部环境发生相互作用，导致量子相干性的衰减，即消相干（也称退相干）。因此，要使量子计算机成为现实，一个核心问题就是克服消相干。而量子编码是迄今发现的克服消相干最有效的方法。量子纠错编码是目前研究最多的一类编码，其优点是适用范围广，缺点是效率不高。

2009 年 11 月 15 日，世界首台可编程的通用量子计算机正式在美国诞生。不过根据初步的测试程序显示，该计算机还存在部分难题需要进一步解决和改善。科学家们认为，可编程量子计算机距离实际应用已为期不远。

2013 年 6 月 8 日，由中国科学技术大学潘建伟院士领衔的量子光学和量子信息团队的陆朝阳、刘乃乐研究小组，在国际上首次成功实现了用量子计算机求解线性方程组的实验。线性方程组广泛应用于几乎每一个科学和工程领域。该项研究成果发表在国际物理学权威期刊《物理评论快报》上，审稿人评价“实验工作新颖而且重要”，认为“这个算法是量子信息技术最有前途的应用之一”。

20 世纪后半叶人类进入信息时代。随着计算机芯片的集成度越来越高，元件越做越小，集成电路技术现在正逼近其极限，科学家们看到传统计算机结构必将有终结的一天，而且尽管计算机的运行速度与日俱增，但是有一些难题是传统计算机根本无法解决的。如果用量子计算机来进行运算，则运算时间可大幅度减少。科学家相信，人类有望在十年内制造出有实用价值的量子计算机，实现传统计算机无法完成的复杂运算。

# 13 量子通信

与经典通信密码系统不同，量子通信的安全性依赖于量子力学属性，如量子纠缠、量子不可测量和量子不可克隆等，而不是依赖数学的复杂度理论。

## 13.1 信息安全三要素

随着信息技术的发展，信息安全成为“瓶颈”问题。保证信息安全有三个要素：为了确保被授权的用户身份不被别人窃取，可以用加密算法进行身份论证；为了保证传输过程中信息不被别人窃听，可以进行传输加密；为了保证传输的内容不被篡改，可以用加密算法进行数字论证。从某种意义上讲，我们的信息安全是建立在加密算法或者加密技术的基础之上，如图20所示。

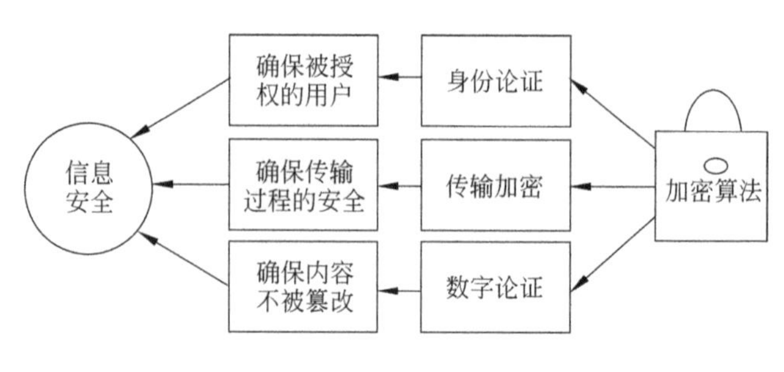


图 20　信息安全三要素

## 13.2　现有密码算法的安全性

被广泛应用的 RSA(它是以三个发明者的名字首字母命名的)公钥系统基于数论,其安全性建立在用经典计算机进行因数分解是困难的这一基础上,因为对 RSA 来说,逆向解密过程是一个与分解因数密切相关的问题。在现行计算机上,有一些运算是比较简单的,如乘法 17×29=?。结果可以很快得出;有一些运算是比较困难的,比如,求一个数的两个素数因子:493=?×?。对于整数的因子分解问题,计算复杂度是随着输入数据的位数增加以指数方式增大的。

所谓因数分解问题是,一个 $n$ 位整数 $N$,它等于两个素数 $n_1$ 和 $n_2$ 相乘的积,其中 $N$ 为已知,由给定的 $N$ 去求两个未知的素数因子 $n_1$ 和 $n_2$。在经典计算机上进行因子分解,是依次用 2,3,4,…,$\sqrt{N}$作为除数去除 $N$,直至把能整除 $N$ 的那些素数找出来。使用这种算法,计算的时间复杂度为 $O(2^{n/2})$数量级($n$ 为输入量的位数),随着 $n$ 增大,算法执行时间按指数增长。

1977 年,RSA 技术的发明者之一 Rivest 提出了一个 129 位的数 $N$,1994 年,人们曾经用 1600 个工作站协同计算,花了 8 个月才把这个数的因子分解计算出来。因此,在复杂度为指数阶 $O(2^n)$的情况下,$O(2^n)$的时间复杂度对于经典计算机来说是不可接受的。但是,如果我们的计算能力足够强大的话,依赖计算复杂度的经典密钥算法原则上都会被破译,有人怀疑"以人类的才智无法构造人类自身不可破解的密码"。比如,RSA512、768、1024 等都被破译。2017 年 2 月,谷歌破译了被广泛应用于文件数字论证的 SHA-1 算法。尤其随着量子算法的出现和量子计算机研究的深入,利用量子计算的并行性可以快速分解出大数的素因子,将使量子计算机很容易破解目前广泛使用的密码系统(如 RSA 公钥系统),严重威胁到银行、网络和电子商务等的信息安全及国家安全。

人类历史上,每出现一次好的加密技术,随后总会被破译,但是,量子通信在原理上能提供一种不能破解、不能窃听的安全的信息传输方式。

## 13.3 量子密钥分发

当前，量子保密通信主要有两种方式：量子密钥分发和量子隐形传态。前者是目前广泛研究的量子通信方式，被认为是量子通信领域最有可能率先投入商用的技术；后者是量子通信领域最引人瞩目的研究方向，近年来在理论和实践上均已取得重要突破。

大家知道，我们几乎时时刻刻都在使用密码，如解锁、登录、转账等。怎样才能实现无法破解的密码，以保证通信与交易的安全呢？其实，早在 1917 年就有人提出，只要实现“一次一密”的方式就能够做到这一点。也就是说，每次传递信息的长度跟密码本的长度一致，并且密码本只能用一次，这样肯定是安全的。但这在现实生活中是根本做不到的。

保密通信的基本原理是采用密钥(0，1 随机数列)，通过加密算法将甲方要发送的信息(明文)变成密文，在公开信道发送到合法用户乙方，乙方再采用私钥从密文中提取所要的明文。如图 21 所示。有什么办法可以确保密钥分发是安全的呢？传统密钥是基于某些数学算法的计算复杂度，但随着计算能力的不断提升，经典密码破译的可能性与日俱增。量子密钥是应用量子力学的基本特性(如量子纠缠、量子不可克隆和量子不可测量等)来确保密钥安全。如果有人窃听,密钥的状态就会因窃听(测量)发生改变,本来是 0+1 状态,变成了 0 或 1,这会引入噪声,密钥接受的误码率会明显增加,这将引起信息发送者的警觉,而停止密钥的发送。因为能够及时发现窃听者,量子密钥发送可以对信息做到"一次一密"的方式,因此是一种绝对安全的加密方式。

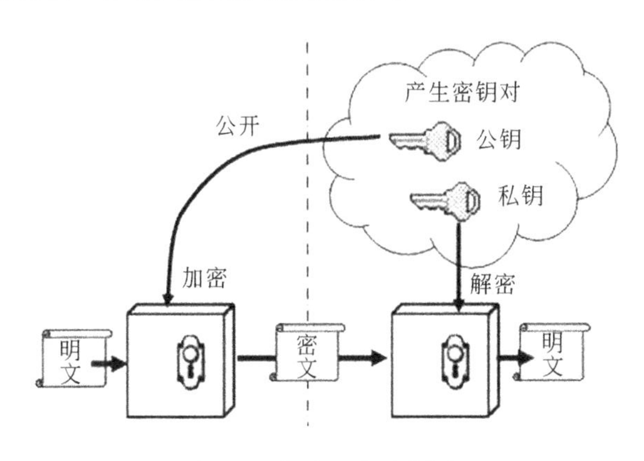


图 21　加密通信示意图

量子密钥分发的过程是,光子也是一种电磁波,其磁场和电场都是有方向的(或称光子偏振),比如事先约定,光子的水平偏振代表"0",垂直偏振代表"1",通信改变光子的偏振状态,就可以把一组光子进行编码。量子密钥传送的不是电磁波,而是一个被编码的、被纠缠过的光子,每个光子要么是

“0”,要么是“1”,一连串的“0”和“1”就代表了传送的量子密钥。

我国在量子密钥分发的实验研究方面走在世界前列。中国量子科学实验卫星“墨子号”于 2016 年 8 月 16 日在酒泉卫星发射中心发射升空,经过 4 个月的在轨测试,2017 年 1 月 18 日正式交付开展科学实验。星地高速量子密钥分发是“墨子号”卫星的科学研究目标之一。量子密钥分发实验为什么采用卫星发射量子信号,地面接收的方式呢?这是因为采用地面光纤传输量子信号的话,其损耗是非常严重的,量子信号超过 200 公里的光纤就会被损耗殆尽,因此,要通过光纤实现远距离的量子通信是不可能的。然而,通过卫星则不同,量子信号在穿透大气层时能量损耗仅有 20%。这样,别看卫星和地面相隔遥远,但传输损耗其实远远小于光纤传输的损耗。“墨子号”卫星过境时,与河北兴隆地面光学站建立光链路,通信距离从 645 公里到 1200 公里,在 1200 公里通信距离上,星地量子密钥的传输效率,比同等距离的地面光纤信道高 20 个数量级(万亿亿倍)。卫星上光源平均每秒发送4000 万个光子信号,一次过轨对接实验可生成 300bit 的安全密钥,密钥分发速率可达 1.1kbps(比特率)。这一重要成果为构建覆盖全球的量子保密通信网络提供可靠的技术支撑。以星地量子密钥分发为基础,将卫星作为中继站,可以实现地球上任意两点的密钥共享，将量子密钥分发扩展到全球范围。图22为星地密钥分发实验示意图，图23为“墨子号”卫星兴隆地面站量子密钥分发实验现场。

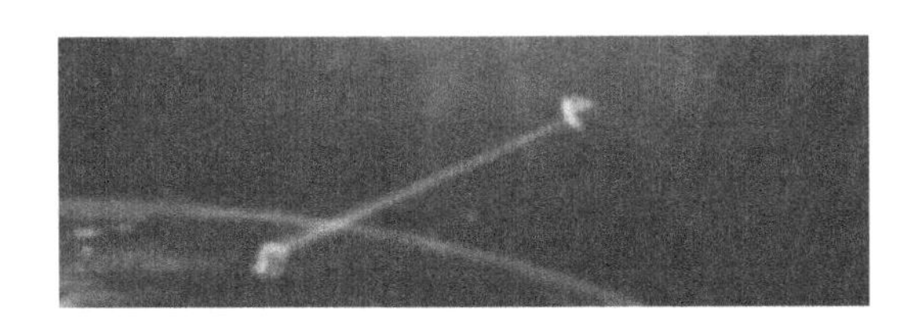

图22 星地密钥分发实验

图23 “墨子号”卫星兴隆地面站量子密钥分发实验现场

中国“墨子号”卫星在国际上首次成功实现了从卫星到地面的量子密钥分发，为我国继续引领世界量子保密通信发展奠定了坚实的科学基础。此项成果被《自然》杂志的审稿人誉为“本领域的一个里程碑”，并断言“毫无疑问将引起量子信息、空间科学等领域的科学家和普通大众的高度兴趣，并导致公众媒体极为广泛的报道”。

## 13.4 量子隐形传态

上面介绍的量子密钥分发是利用量子力学特性来保证通信的安全性。在这里，传递的并非通信信息本身，而是打开信息的密钥，信息本身还是需要借助经典信道（如打电话）来传送，但加密方式是量子的。所以，我们可以把量子密钥分发看成是“半经典半量子”的通信方式。下面将要介绍的量子隐形传态，传递的不再是经典信息，而是量子态携带的量子信息，通俗来讲，就是将甲地的某一粒子的未知量子态在相距遥远的乙地的另一粒子上还原出来，即在乙地构造出原量子态的全貌。

不少的科幻影片和小说中经常出现这样的场景：一个神秘人物在某处突然消失掉，而后却在远处莫名其妙地显现出来，这种场景非常激动人心。隐形传送（teleportation）一词即来源于此。

量子隐形传态的基本原理是：在图 24 中的发送者 Alice 想要把粒子 1 的量子态传送给接收者 Bob（量子隐形传态中，习惯上称发送者为 Alice，接收者为 Bob）。利用粒子纠缠源，Alice 拥有纠缠粒子中的粒子 2，而 Bob 拥有粒子 3。纠缠粒子对（粒子 2、3）构成量子通道。首先，Alice 对需要传送的粒子 1 和她拥有的粒子 2 进行联合测量，得到一个测量结果。测量之后，粒子 1 的量子态坍缩了，粒子 2 的状态也发生变化。因为粒子 2 和粒子 3 相互纠缠，粒子 2 的变化立即影响粒子 3 发生变化。然而，Bob 无法察觉粒子 3 的变化，直到从经典信道得到 Alice 传来的信息。比如，Alice 在电话中将测量结果告诉 Bob。然后，Bob 对粒子 3 的量子态施行适当的变换处理，就可使这个粒子的量子态变成与待传送的未知量子态一模一样，从而在粒子 3 上实现了对未知量子态的重现。这个传送过程完成之后，粒子 1 坍缩隐形了，它的所有信息都传播到了粒子 3 上，因而称为“隐形传态”。

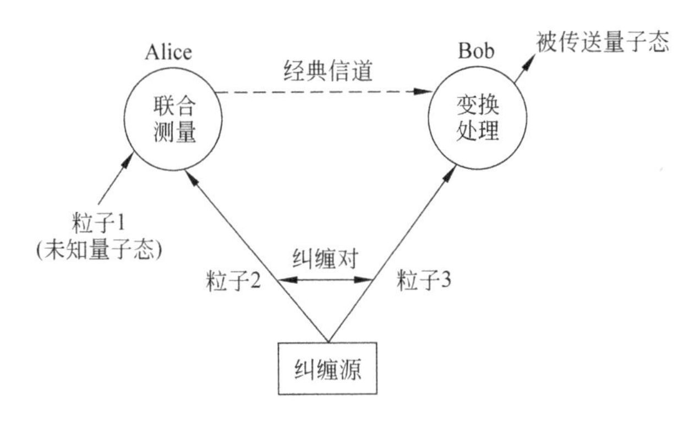


图 24 量子隐形传态原理

描述量子隐形传态的过程如下：

(1) 制备粒子 1 处于量子态：

$$|\varphi\rangle_1 = a|0\rangle + b|1\rangle$$

其中$|a|^2+|b|^2=1$，$a,b$为未知数(即量子信息)，且将粒子1放在Alice处，Alice要把包含在该量子态中的信息传递给Bob。

(2) 纠缠源制备一对纠缠粒子(粒子2和粒子3)，其量子态为

$$|\psi\rangle_{23}=\frac{1}{\sqrt{2}}(|00\rangle-|11\rangle)_{23}$$

其中粒子2发送给Alice，粒子3发送给Bob，则粒子1、2和3组成的联合系统处于如下状态：

$$\begin{aligned}|\psi\rangle_{123}&=|\varphi\rangle_1\otimes|\psi\rangle_{23}\\&=(a|0\rangle+b|1\rangle)_1\otimes\frac{1}{\sqrt{2}}(|00\rangle-|11\rangle)_{23}\end{aligned}$$

(3) 接着，Alice对粒子1和粒子2进行一个贝尔联合测量，则整个系统坍塌为以下四个状态中的一个：

$$|\varphi\rangle_1=a|0\rangle_3+b|1\rangle_3 \qquad |\varphi\rangle_2=a|0\rangle_3-b|1\rangle_3$$

$$|\varphi\rangle_3=a|1\rangle_3+b|0\rangle_3 \qquad |\varphi\rangle_4=a|1\rangle_3-b|0\rangle_3$$

为了使量子隐形传态成功完成，Alice通过经典信道把测量结果告诉给Bob。

(4) Bob根据测量结果执行相应的变换处理，使自己拥有的粒子3的状态变成粒子1的状态。

关于量子隐形传态的几点说明：

(1) 从粒子 1 到粒子 3 的量子信息的传递可以发生在任意的时空之间,因为量子纠缠具有非定域性。

(2) 量子隐形传态不存在超光速通信问题。因为没有通过经典通道传送的经典信息,隐形传态将不可能成功,而经典通道的通信速度必然受到相对论的限制,即传送速度不可能超过光速。

(3) 量子隐形传态不违背量子不可克隆定理。因为 Alice 进行联合测量后,$|\varphi\rangle_1$ 已被破坏掉了,一次量子隐形传态只能够使原粒子的量子态在另一个粒子上重新构建出来,而不是将粒子 1 通过“超距”作用传送给 Bob。

(4) 发送者和接收者在整个传输过程中都不需要知道所传递或者接收的量子态的任何信息,因而量子隐形传态提供了操控量子态而不破坏量子态的可能性。

量子隐形传态被认为量子通信领域中最引人瞩目的研究方向之一。经过多年的努力,我国已经跻身于该领域国际一流的行列。“墨子号”卫星开展的量子隐形传态是采用地面发射纠缠光子、天上接收的工作方式。“墨子号”卫星过境时,与海拔 5100 米的西藏阿里地区地面站建立链路。地面光源每秒产生 8000 个量子隐形传态事例,地面向卫星发射纠缠光子,实验通信距离从 500 公里到 1400 公里,所有 6 个待传送态均以大于 99.7%的置信度超越经典极限。假设在同样长度的光纤中重复这一工作，需要 3800 亿年(宇宙年龄的 20 倍)才能观测到 1 个事例。这一重要成果为未来开展空间尺度量子通信网络研究，以及空间量子力学完备性检验等研究奠定了可靠的技术基础。

《自然》杂志审稿人称赞“这些结果代表了远距离量子通信持续探索中的重大突破”，“这个目标非常新颖并具挑战，它代表了量子通信方案实现现实中的重大进步”。

综上所述，中国量子科学实验卫星“墨子号”，在国际上首次成功实现了从卫星到地面的量子密钥分发和从地面到卫星的量子隐形传态，真可谓：千里纠缠、星地保密、隐形传态、抢占世界量子科技创新制高点。

## 13.5 量子通信的技术优势

下面是量子通信所具备的技术优势：

(1) 时效性高。量子通信线路时延几乎为零，量子信道的信息效率是经典信道的几十倍，传输速度快。

(2) 抗干扰性强。量子通信中的信息传输不通过经典信道，与通信双方之间传播媒介无关，不受空间环境的影响，具有很强的抗干扰性。

(3) 保密性能好。根据量子不可克隆原理，量子信息一经检测就会发生不可还原的改变，如果量子信息在传输中途被窃取，接收者必定能发现。

(4) 隐蔽性能好。量子通信没有电磁辐射，第三方无法进行无线监听或探测。

(5) 应用广泛。量子通信与传播媒介无关，传输不会被任何解码阻隔，量子隐形传态通信还能穿越大气层。因此，量子通信应用广泛，既可在太空中通信，又可在海底通信，还可在光纤等介质中通信。

世界首颗量子科学实验卫星“墨子号”发射升空，并圆满地实现了各项科学实验目标，为我国构建天地一体化的量子通信网络奠定了坚实基础，这对于抢占战略制高点，保障千家万户的信息安全和国防安全具有重大意义。

展望未来，中国量子科学领军者潘建伟院士指出：2030年左右，中国力争率先建成全球化的广域量子保密通信网络，在此基础上，构建信息充分安全的“量子互联网”，形成完整的量子通信产业链和下一代国家主权的信息安全生态系统。

# 14 量子人工智能

## 14.1 移动革命

随着智能手机使用率的增加，世界上手机的数量已超过了人口数量，智能手机成为个人口袋里的超级计算机，我们将进入一个全新时代——移动革命时代。在这个时代，数十亿人通过移动设备可以上网访问地球上的每一个人，而这在人类历史上还是第一次。

网络是信息传递的基础。最初是用纵横交错的有线通信网络将人们链接起来，人们只能在固定的地方进行语音通话。这些实体的电线组成的网络在链接世界的同时，也网住了这个世界，人们被纵横交错的线路束缚了。

能不能去掉线的束缚呢？随着科技发展，物理网络由有线变为无线，终端的束缚终于去掉了。从有线到无线，从有形到无形，是互联网带来的一个巨大变化，其背后是对人性束缚的极大解放。

与有线网络相比，无线网络具有可移动、不受时间及空间的限制、不受线缆的限制、成本低、易安装等优势。以前要依赖个人电脑(PC)，如今人们可利用任何配有无线终端适配器的设备，在任何时间、任何地域、任何设备上便捷地链接网络。智能手机、平板电脑(PAD)作为移动终端，它们携带方便，人们可以通过语音、键盘或者触屏操控。另外，PAD 更带个人属性，更加隐私，而且消除了以前使用 PC 时带来的限制，人们可以随时随地收发邮件或者看视频，人机交互更充分。PAD 的分辨率普遍很高，娱乐功能更强。

移动终端不断冲击个人计算机终端，我们正处在移动终端和个人计算机并存时代。随着互联网技术的发展，在不久的将来，轻便时尚、体验极佳、人机交互更充分的 PAD 完全可能取代 PC。

人们一提到 PC 软件，首先就会想到微软，它几乎成为了 PC 软件的代名词，引领着世界软件发展的方向。微软利用几十年时间在桌面上打造出的 Windows 生态让这个巨人始终站在顶端，占据了 PC 时代个人电脑操作系统的大部分市场，威名显赫。但是，随着移动互联网的发展，人们开始越来越习惯通过移动互联网的终端接收各种信息，甚至部分工作在 PAD 或手机上完成。现在 PC 不再是唯一能够联网的工具，未来 PC 只是互联网的终端之一。在 PC 上能做的事，在手机上，PAD 上也可以做，甚至有人认为：PAD 已经具有 PC 90% 的功能。2010 年苹果公司的市值超过了微软公司，一跃成为全球市值最高的 IT 公司，这给微软敲响了警钟。微软既得益于 PC，也受制于 PC。

移动网络对固定网络的颠覆，移动终端对传统电脑的冲击，移动操作系统对桌面操作系统的取代，其实是科技的换代和时代的变换。信息时代曾经辉煌的公司，如微软和英特尔(PC 时代处理器的王者)的强大组合，已经渡过了最顶峰的时期，光环逐渐暗淡，在移动革命时代失去了昔日风采。人类社会正从物理世界走向数字世界，我们将迎来一个万物互联的数字世界。数字化就在我们身边，几乎无处不在，一切都要为数字化让路。在世界的变换中，所有国家、企业和个人都面临一次重大挑战。我们要看清方向，顺应潮流，跟上世界变换的步伐，把握移动革命时代赋予的机遇！

## 14.2 智能革命

移动革命推动下一代技术革命——智能革命。人工智能领域的大部分技术都起源于移动世界。从无人驾驶汽车到智能机器人都得益于移动革命。

什么是智能？目前尚无统一的定义。

牛津大字典认为：智能是“观察、学习、理解和认知的能力”。

信息论认为：人的智慧表现为能灵活地、有效地、创造性地进行信息获取，信息处理，信息利用以成功达到目的的综合能力。

什么是人工智能（artificial intelligence，AI）？由非生物生命方法产生的智能统称人工智能。

AI 研究出现两大学派：符号主义和链接主义。

符号主义认为人类可以借用符号进行智能模拟，如记忆、判断、推理、学习等。符号主义认为任何一个系统，如果它能表现出智能，它必须能够执行下述 6 种功能：①输入符号；②输出符号；③存储符号；④复制符号；⑤建立符号结构；⑥条件性符号转移。具有上述功能的系统称为物理符号系统。

符号主义认为人就是一个物理符号系统，而计算机也是一个物理符号系统，因此可以用计算机的符号演算和推理来模拟人的认知过程；并认为作为智能基础的知识是可用符号表示的一种信息形式（如规则），因而人工智能的核心问题是知识表示、知识推理和知识运用的信息处理过程。传统人工智能就是在符号主义的推动下发展起来的，从而出现了许多种类的专家系统，形成了知识工程领域。

链接主义认为符号是不存在的，人类的知识来源于人脑的神经网络，认知过程是大量神经元的连接，以及这种连接所引起的神经元的不同兴奋状态所表现出的宏观行为。

综上所述，符号主义认为人类认知过程的基本元素是“符号”，认知过程是符号的运算。链接主义认为人类思维的基本元素是“神经元”，人类认知过程是信息在神经元连成的网络中相互传播，进行分布式处理的过程。

AI 发展经历了三次高潮，如图 25 所示。

第一次，1962 年西洋跳棋人机对弈，计算机取胜；

第二次，1997 年国际象棋人机对弈，计算机取胜；

第三次，2016 年围棋人机对弈，AlphaGo 以 4∶1 的成绩击败世界围棋冠军李世石。

AlphaGo 与李世石的一盘围棋对弈一下子将普通老百姓带入科技最前沿——人工智能。现在，似乎人人都在谈人工智能。

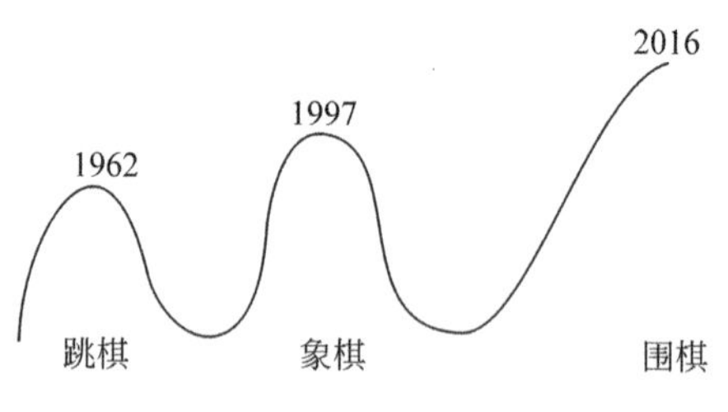


图 25　AI 发展的三次高潮

为什么选择棋类作为人机对弈的突破口呢？这一方面因为棋类是比赛规则清晰、容易评估效果的智能问题；另一方面因为棋类是具有一定复杂性，被公众视为人类智慧的代表的游戏。一旦人机对弈结果计算机取胜就意味着突破了公众对人工智能这项新技术的接受门槛。

第一次、第二次 AI 高潮热闹了一阵之后就归于沉寂，跌入低谷，这是为什么？这是因为当时受到三大“瓶颈”问题的限制，不足以支撑人工智能的发展需要，即

知识获取——需要依靠大数据；

大规模计算——需要依靠高性能超级计算机；

计算机自主学习——需要依靠先进的机器学习算法。

20 世纪 60 年代到 90 年代，无论是大数据、计算机的运算速度与存储能力，以及相关的机器学习算法，都不足以支撑人工智能大规模商业化。当人类社会进入 21 世纪之后，随着深度学习算法的提出与成熟，计算机运算速度的大幅度增长，当然，还有互联网时代积累起来的海量数据财富，才能从技术上支撑人工智能走上与以往大为不同的复兴之路。

可以说，大数据、大规模计算、深度学习三位一体、神兵出世、摧城拔寨、无坚不摧，使得人工智能第三次高潮不会像此前的高潮那样，有跌入低谷的风险，而是会保持持续增长的势头。因此，当今的人工智能，人们称之为新一代人工智能。

用一个简单的公式表述：

AI＝大数据＋深度学习＋大规模计算

大数据是AI知识获取的源泉，可以说，没有大数据就没有机器智能。谷歌的围棋程序AlphaGo从以往数百万专业围棋选手的棋谱中学习，这就是它赖以学习提高的大数据。AI有了大数据的支持，就有足够的数据分析，从中发现规律，获取知识，它就会像人脑一样处理问题，具有更加接近人的思考特征。

深度学习能够大展身手的两个前提条件——高质量的大数据和强大的计算能力。深度学习就是把计算机要学习的东西看成一大堆数据，把这些数据存入一个复杂的、包含多层的数据处理网络(人工神经网络)，数据经过网络处理之后，检查处理得到的结果是不是符合要求，如果符合，就保留这个网络的参数作为目标模型；如果不符合，就一次次地、反复地调整网络的参数，直到输出满足要求为止。

基于大数据的深度学习到底如何在现实生活中发挥作用呢？我们举一个例子。计算机可以通过预先学习成千上万张人脸图片，掌握认识和分辨人脸的基本规律。然后，计算机可以记住全国所有通缉犯的长相。没有一个单独的人类警察可以做到这一点。这样一来，全国的安防系统只要接入这套会识别通缉犯相貌的计算机程序，通缉犯在公共场合一露面，计算机就可以通过监控摄像头采集的图像将其辨认出来。大数据和深度学习一起,可以完成以前需要数万名人类警察才能完成的任务。

但是,为什么机器学习的概念已经提出来 60 多年了,而真正的突破却在今天?

这是因为机器学习的计算复杂度太高,计算量很大,不仅计算时间太长,而且需要计算机系统有非常大的内存空间,通常不是几台计算机能够完成的。1965 年美国摩尔博士提出了摩尔定律,从此计算机开始了持续半个多世纪的高速发展。

摩尔定律含义:"在保持计算机元件成本价格最低的情况下,其结构复杂程度每年大约增加两倍。并且这种情况至少会持续 10 年。"也就是说,计算机的处理能力每年要翻两倍,并且其价格还会下降,这种情况至少会持续 10 年。结果他的定律竟然持续了半个多世纪,而不仅仅是 10 年。计算机处理能力按指数增长对其他行业来说是不可想象的。拿汽车行业来说,我们看不到在低油耗的情况下,汽车的速度每隔一年就能提升两倍,而且一直持续了 50 年。飞机和火车也没有能力在短时间内把它们的速度提高两倍。即使奥运会选手的比赛成绩在一代人的时间里也无法提高一倍,更别说是在几年时间里。

计算机的发展速度惊人,有人做过统计,从摩尔定律提出至今，计算机的处理器和存储器性能分别提高了2000万倍和10亿倍，价格却在不断下降，以至于它可以被应用于各行各业，以及人类生活的方方面面。

总之，过去半个多世纪，世界进步背后最根本的动力可以概括为摩尔定律的应用。今天，互联网、移动互联网是如此，未来AI也是如此。

现在“互联网＋”已不断向各行各业渗透、融合，我们可以把当今经济概括为：

现有产业＋互联网＝新产业

无论什么产业能够与互联网深度融合就形成一个新产业。

类似地，“AI＋”或“＋AI”模式引发的第4次工业革命可表述为：

现有产业＋人工智能＝新产业

无论什么产业加上人工智能就形成一个新产业，或者说原有产业以新的形态出现。当然，并非每个企业都要从事人工智能产品本身的制造，更多时候是利用AI改造原有产业。

人工智能不仅仅是一次技术层面的革命。人工智能的未来必将与社会的未来、经济的未来、文化的未来、人类全球化的未来紧密联系在一起。总的来说，人工智能无疑将给我们带来一个更加美好的社会，它是智能的、高效的、精细化的和人性化的，有可能成为人类社会全新的一次大发现、大变革和大繁荣。但是，人工智能造福人类的同时，也会对社会带来冲击。为此，我们要有所准备。

## 14.3 量子人工智能

AI 发展要经历三个阶段：弱人工智能，AI 只能从事单一的工作，如 AlphaGo 只会下棋，问路就不行了；强人工智能，人类从事的体力劳动和脑力劳动 AI 都可以做；超人工智能，AI 超过人类的思维能力，这里的关键在于计算机的速度，人类思考问题的速度达到 1 亿亿次 /秒。

那么，如何提高计算机的运算速度呢？摩尔定律虽然持续了半个多世纪，但指数增长方式不可能无限期持续下去，传统计算机处理能力的提升将是有限的，我们面临计算“瓶颈”的挑战。要提高现有计算机的运算速度，一般要靠加大晶体管的集成度，可能不到十年，晶体管的尺寸会缩小到原子数量级，CPU 已被逼近物理极限。人类要提高计算机的运算速度，就要利用量子世界特有的规律。量子计算机具有神奇的并行性，没有热耗散（或零能耗），处理能力超强，所需要的数据量更少，更容易模拟神经网络。传统计算机需要 100 年才能破解的计算难题，量子计算机可能仅需 1 秒钟。量子计算机所具有的优势，让传统计算机在它面前就像以前用的算盘。

从逻辑上来说，人工智能改变的是计算的终极目的，颠覆了传统计算的工作方式；而量子计算改变了计算的原理，颠覆了传统计算的来源。毫无疑问，二者未来必然是相互支撑的，复杂的超 AI 需要庞大的算力，当传统计算不足以支撑一个今天还无法想象的智能体时，量子计算必须扛起这个重任。著名计算机科学家姚期智院士认为：“如果能够把量子计算和 AI 结合在一起，我们可能做出连大自然都没有想到的事情。”如果说神奇的那一天还很远，那么近年来量子计算与 AI 的耦合已经陆续发生。比如，谷歌人工智能量子团队在 2018 年提出了量子神经网络模型（或量子深度学习模型），这一网络应用量子计算方式极大地提升神经网络的工作效率。为此，我们可以用一个简单公式来表示量子人工智能（QAI）的发展模式：

QAI＝大数据＋量子深度学习＋量子计算机

总的来说，量子计算在未来的某一天与 AI 相遇，将可能是改变人类历史走向的大事。目前这场相遇已经开始了零星的篇章，要真正构成主旋律尚需时日。但人们的探索从未因此而停止，我们有理由相信，量子人工智能必将成为人类科技文明的一个里程碑。

# 尾　　声

科学进步离不开对旧知识体系的突破,牛顿突破了亚里士多德关于物体运动现象的描述,并认识到自由落体的定量规律,写出了 $F=G\frac{m_1m_2}{r^2}$ 的准确公式,它把地上和天上的物体运动规律统一了起来,形成了一个完整的力学体系。这就是名垂青史的万有引力定律。

如果不抛弃旧有观念的束缚,恐怕永远也跳不出"如来佛的掌心"。爱因斯坦相对论中的一个重要结论是,一个具有质量 $m$ 的物体一定具有能量 $E$,提出了如雷贯耳的质能关系式 $E=mc^2$,对物理学产生了广泛而深远的影响。

当物理学的两座丰碑(牛顿力学和相对论)树立起来之后,难道物理学的一切都大功告成?再没有更多的发现可以作出吗?大自然是永远不会向我们展现它最终的秘密,而我们的探索也永远没有终点。尤其是微观世界尚处在迷宫之中,前途漫漫,许多问题尚未突破,这个突破就是普朗克的一个简明公式 $E=h\nu$,标志着量子的问世,从而导致量子论的创立。它再一次将物理学推向巅峰,登上宇宙的极顶。极目眺望,众山皆小,一切都在脚下!

作为一种微观粒子，量子具有什么特性呢？

**1. 量子态叠加性**

量子状态可以叠加，因此量子信息也是可以叠加的。这是量子计算机可以实行并行性的重要基础。即可以同时输入和操作量子比特的叠加态。

**2. 量子态纠缠性**

粒子之间存在量子纠缠的重要特点是，粒子 A 和 B 的状态均依赖于对方，而各自都处于一种不确定的状态。处于量子纠缠的两个粒子，无论其距离有多远，一个粒子的变化都会瞬时地影响另一个粒子。从根本上讲它们是相互关联的，即纠缠态的关联是一种非定域关联，是一种超空间的关联。爱因斯坦称其为“幽灵般的超距作用”。

**3. 量子态相干性**

量子态相干性或者说量子态之间关联性。比如“电子向右自旋”和“正电子向左自旋”的状态是相关联的。彼此相关的量子比特序列，会作为一个整体动作。因此，只要对一个量子比特进行处理，就会立即影响到序列中其他的量子比特。这一特点，正是量子计算实现高效率并行运算的关键。

**4. 量子测不准性**

观察者不能同时精确地知道，一个粒子的位置和它的速度。也就是如果我们把位置测量得非常精确，那么相应地，速度必定变得非常模糊和不确定。反过来，假如我们把速度测得非常精确，位置就变得摇摆不定，误差急剧增大。

**5. 量子不可克隆**

一个未知的量子态，不能被完全克隆。在量子力学中，不存在这样一个物理过程：实现对一个未知量子态的精确复制，使得这个复制态与初始量子态完全相同。

**6. 量子不可区分**

不可能同时精确测量两个非正交量子态。事实上，由于非正交量子态具有不可区分性，无论采用任何测量方法，测量结果都会有错误。

量子论的问世推动着人类世界观的根本变革。在统计解释、不确定性原理和互补原理这三大核心理论中，前两者摧毁了经典世界的(严格)因果性，互补原理和不确定原理又合力捣毁了世界的(绝对)客观性。新的量子图景展现出一个前所未有的世界，它是如此奇特，难以想象，和人们的日常生活格格不入，令人困惑。因此，近一个世纪以来，量子论没有一天不受到来自各方面的质疑、指责和攻击。但是，它却能够解释量子领域一切不可思议的现象，把微观世界的奥秘谱写在人类历史中。

今天人类文明的繁盛是理性的胜利,而量子论无疑是理性的最高成就之一。量子论的发展引发了一系列划时代的科学发现和技术发明,从半导体、晶体学到大规模集成电路,再到信息产业,以及新能源、新材料、激光技术,无不以量子力学的发展为前提。

尽管妙不可言的量子旅行或许没有尽头,但是我们已经到了本书所讲述的这一探险旅程的终点——2019 年。希望读者掩卷之时,能对陌生的量子概念、神奇的量子本性、远离人们常识的思维方式和超乎想象的应用价值有着一定的理解,也希望读者能从这本通俗书的解读中领悟到科学家不断寻求真理、勇于探索、不懈创新的精神,从中受到鼓舞并获得一种潜在的力量。

本书献给所有对量子充满好奇的读者。然而,量子论的路并未走完,它仍然处于迷宫之中,还有无数未知的秘密有待发掘,我们还要努力地上下求索,去走完剩下的路。也许会像量子论过去那样,在一些默默无闻的年轻人的头脑中、在书桌上、在计算机或是在实验室里去完成。光是想象这样的可能性,就足以让人感到心潮澎湃!

# 参考文献


[1] 赫尔曼. 量子论初期[M]. 周昌忠,译. 北京: 商务印书馆,1980

[2] M. 劳厄. 物理学史[M]. 范岱年,戴念祖,译. 北京: 商务印书馆,1978

[3] 曹天元. 量子物理史话[M]. 沈阳: 辽宁教育出版社,2008

[4] M. 普朗克. 从近代物理学看宇宙[M]. 何青,译. 北京: 商务印书馆,1959

[5] 爱因斯坦. 狭义与广义相对论浅说[M]. 杨润殷,译. 北京: 北京大学出版社,2006

[6] M. 玻恩. 关于因果性和机遇的科学[M]. 侯德彭,译. 北京: 商务印书馆,1964

[7] L. V. 德布罗意. 物理学与微观物理学[M]. 朱津栋,译. 北京: 商务印书馆,1992

[8] W. 海森堡. 物理学与哲学[M]. 范岱年,译. 北京: 商务印书馆,1984

[9] 吴国林,孙显曜. 物理学哲学导论[M]. 北京: 人民出版社,2007

[10] S. 霍金. 时间简史[M]. 许明贤,吴忠超,译. 长沙: 湖南科学技术出版社,2002

[11] N. 维纳. 控制论[M]. 郝季仁,译. 北京: 科学出版社,1985

[12] I. Duck, E. C. G. Sundarsham. 100 year of planck's Quantum[J]. World Science, 2000

[13] K. Hannabuss. An Introduction to Quantum[M]. Oxford: Oxford University Press, 1997

[14] T. Maudlin. Quantum Nonlocality and Relativity[M]. Oxford: Blackwell Publishers, 2002

[15] G. H. Bennett, D. P. Divincenzo. Quantum Information and Computation[J]. Nature, 2000, 404: 247-255

[16] "墨子号"量子卫星实现星地量子密钥分发和地星量子隐形传态圆

满实现全部既定科学目标[R]. 合肥微尺度物理科学国家实验室. 2017.8

[17] 徐昊，马斌. 时代的变换——互联网构建新世界[M]. 北京：机械工业出版社，2015

[18] 吴军. 智能时代——大数据与智能革命重新定义未来[M]. 北京：中信出版集团，2016

# 中英文人名对照表

马克斯·普朗克(Max Carl Ernst Ludwing Planck)

维恩(Wilhetm Wien)

瑞利(J. W. S Rayleigh)

金斯(James H Jeans)

阿尔伯特·爱因斯坦(Albert Einstein)

玻尔(Niels Bohr)

海森堡(Werner Kard Heisenberg)

狄拉克(Paul Dirac)

德布罗意(Louis de Broglie)

朗之万(Paul Langevin)

薛定谔(Erwin Schrodinger)

波恩(Max Born)

贝尔(John Stewart Bell)

维纳(N. Wiener)

申农(C. E. Shannon)

戴维逊(C. J. Davisson)

革末(L. H. Germer)

麦克斯韦(James Maxwell)

牛顿(Isaac Newton)

盖革(Hans Geiger)

玻尔兹曼(Boltzmann)

索尔维(Emost Solvay)

劳厄(Lane Mv)

莱布尼茨(G. W. Leibniz)

汤姆逊(J. J. Thomson)

卢瑟福(Ernest Rutherford)

汉森(H. M. Hansen)

巴尔末(J. J. Balmer)

法拉第(Michael Faraday)

安德逊(C. D. Anderson)

德拜(P. J. W. Debye)

傅里叶(J. B. J. Fourier)

伽利略(Galileo Galilei)

开普勒(Johannes Kepler)

惠更斯(C. Huygens)

玻姆(David Bohm)

阿斯派克特(Alain Aspect)

艾佛雷特(Hugh Everett)

维格纳(Eugene Wigner)